essentials

Essentials liefern aktuelles Wissen in konzentrierter Form. Die Essenz dessen, worauf es als „State-of-the-Art" in der gegenwärtigen Fachdiskussion oder in der Praxis ankommt. *Essentials* informieren schnell, unkompliziert und verständlich

- als Einführung in ein aktuelles Thema aus Ihrem Fachgebiet
- als Einstieg in ein für Sie noch unbekanntes Themenfeld
- als Einblick, um zum Thema mitreden zu können

Die Bücher in elektronischer und gedruckter Form bringen das Fachwissen von Springerautor*innen kompakt zur Darstellung. Sie sind besonders für die Nutzung als eBook auf Tablet-PCs, eBook-Readern und Smartphones geeignet. *Essentials* sind Wissensbausteine aus den Wirtschafts-, Sozial- und Geisteswissenschaften, aus Technik und Naturwissenschaften sowie aus Medizin, Psychologie und Gesundheitsberufen. Von renommierten Autor*innen aller Springer-Verlagsmarken.

Markus H. Dahm

Digitale Lösungen für eine nachhaltige Zukunft

Wie Digitalisierung bei der Erreichung der SDGs helfen kann

Markus H. Dahm
FOM Hochschule für Oekonomie &
Management
Hamburg, Deutschland

ISSN 2197-6708   ISSN 2197-6716 (electronic)
essentials
ISBN 978-3-658-44588-1   ISBN 978-3-658-44589-8 (eBook)
https://doi.org/10.1007/978-3-658-44589-8

Die Deutsche Nationalbibliothek verzeichnet diese Publikation in der Deutschen Nationalbibliografie; detaillierte bibliografische Daten sind im Internet über https://portal.dnb.de abrufbar.

Planung/Lektorat: Angela Meffert
Springer Gabler ist ein Imprint der eingetragenen Gesellschaft Springer Fachmedien Wiesbaden GmbH und ist ein Teil von Springer Nature.
Die Anschrift der Gesellschaft ist: Abraham-Lincoln-Str. 46, 65189 Wiesbaden, Germany

Das Papier dieses Produkts ist recycelbar.

Was Sie in diesem *essential* finden können

- Praktische Einblicke: Das Buch bietet konkrete Fallstudien und Beispiele, die veranschaulichen, wie Unternehmen digitale Lösungen erfolgreich für eine nachhaltige Entwicklung einsetzen.
- Ethik der Technologie: Der Leser wird dazu angeregt, kritisch über die ethischen Aspekte der digitalen Transformation nachzudenken und Möglichkeiten zur Förderung von sozialer Verantwortung zu erkennen.
- Ganzheitliches Verständnis: Durch die Betrachtung aller 17 SDGs der UN erhält der Leser ein umfassendes Bild davon, wie digitale Innovationen verschiedene Dimensionen der Nachhaltigkeit beeinflussen können.
- Innovationspotenzial: Das Buch hebt das Innovationspotenzial digitaler Technologien hervor und zeigt, wie neue Ideen und Ansätze dazu beitragen können, komplexe globale Herausforderungen zu bewältigen.
- Handlungsempfehlungen: Abgerundet wird das Buch mit konkreten Handlungsempfehlungen für Unternehmen und Entscheidungsträger, um aktiv zur Gestaltung einer nachhaltigen Zukunft beizutragen.

Vorwort

In einer Ära, in der die digitale Transformation unsere Gesellschaft durchdringt, ist es von entscheidender Bedeutung, die Macht, die diese Transformation mit sich bringt, bewusst und verantwortungsbewusst einzusetzen, um eine positive Veränderung herbeizuführen. Dieses Buch ist eine Reise durch die Schnittstelle von Digitalisierung und Nachhaltigkeit, eine Erkundung innovativer Wege, um die Chancen der Technologie für das Wohl der Welt zu nutzen.

Die globalen Herausforderungen, vor denen unsere Welt steht, sind vielfältig und komplex. Von Umweltproblemen bis zur sozialen Ungleichheit sind die SDGs (Ziele für nachhaltige Entwicklung) der Vereinten Nationen ein Leitfaden für die Gestaltung einer nachhaltigen Zukunft. Das vorliegende Buch präsentiert nicht nur Lösungsansätze, sondern eröffnet auch eine Perspektive auf eine Welt, in der Technologie als treibende Kraft für positive Veränderungen dient.

Die digitale Transformation spielt eine Schlüsselrolle bei dieser Reise. Durch innovative Technologien, z. B. künstliche Intelligenz, bieten sich neue Möglichkeiten, umweltfreundliche Praktiken zu fördern, Ressourcen effizient zu nutzen und soziale Gerechtigkeit voranzutreiben. Dieses Buch beleuchtet nicht nur die Potenziale und Herausforderungen, sondern auch die konkreten Anwendungen dieser Technologien im Kontext der nachhaltigen Entwicklung.

Durch praxisorientierte Beispiele und innovative Konzepte möchte ich Sie dazu inspirieren, aktiv an der Gestaltung einer nachhaltigen Zukunft mitzuwirken. Die Rolle der Innovation wird dabei herausgestellt, denn neue Ideen und Ansätze sind entscheidend, um die komplexen Herausforderungen unserer Zeit zu bewältigen.

Unternehmensverantwortung spielt eine zentrale Rolle in diesem Kontext. Unternehmen haben die Macht, durch ihre Entscheidungen und Handlungen einen erheblichen Einfluss auf die Welt auszuüben. Das Buch ermutigt Unternehmen dazu, ihre Verantwortung anzuerkennen und nachhaltige Praktiken zu integrieren. Ich lade Sie ein, sich auf eine Reise der Entdeckung zu begeben, um zu verstehen, wie digitale Lösungen unser Leben verbessern und gleichzeitig dazu beitragen können, die Welt nachhaltiger zu gestalten. Möge dieses Buch nicht nur Informationsquelle sein, sondern auch ein Anstoß für konkrete Schritte in Richtung einer lebenswerten und nachhaltigen Zukunft.

Vielen Dank, dass Sie sich diesem wichtigen Thema widmen. Gemeinsam können wir die Kraft der Technologie nutzen, um eine Welt zu schaffen, die für kommende Generationen lebenswert ist.

Die Zukunft liegt in unseren Händen – und in unserem Code.

Mit nachhaltigen Grüßen,

Hamburg   Markus H. Dahm
im Frühjahr 2024

Inhaltsverzeichnis

Über den Autor

Prof. Dr. Markus H. Dahm ist Organisationsent-
wicklungsexperte und Berater für Strategie, Digital
Change & Transformation. Ferner lehrt und forscht er
an der FOM Hochschule für Oekonomie & Management in den Themenfeldern Nachhaltigkeit und Digitalisierung. Er publiziert regelmäßig zu aktuellen
Management- und Leadership-Fragestellungen in wis-
senschaftlichen Fachmagazinen, Blogs und Online-
Magazinen sowie der Wirtschaftspresse. Er ist Autor
und Herausgeber zahlreicher Bücher.

Nachhaltigkeit und Digitalisierung sind zwei große Themen der aktuellen Zeit. Die Menschheit steht vor einer Vielzahl von ökologischen und gesellschaftlichen Herausforderungen. Der Klimawandel, das Artensterben, fehlende Zugänge zu Gesundheitsdiensten sowie soziale Ungleichheit sind Beispiele für Konfliktthemen der heutigen Welt. Vor diesem Hintergrund erlangt das Thema Nachhaltigkeit sowohl im privaten als auch im unternehmerischen Zusammenhang eine immer größere Bedeutung. Gleichzeitig werden durch den digitalen Wandel und den Einsatz neuer Technologien jedoch veränderte Realitäten und Möglichkeiten geschaffen sowie der Grundstein für die Veränderung von Wirtschaft und Gesellschaft gelegt.

Um die Zukunftsfähigkeit der Erde zu gewährleisten, ist die Definition und Umsetzung von Klimazielen allein nicht ausreichend. Vielmehr ist die feste Verankerung von Nachhaltigkeit in Wirtschaft und Gesellschaft erforderlich. Daher haben die United Nations (UN) im Jahr 2015 17 Ziele für eine globale nachhaltige Entwicklung verabschiedet. Diese Sustainable Development Goals (SDGs) sollen sowohl die natürlichen Lebensgrundlagen der Erde langfristig sichern als auch weltweit die Möglichkeit eines menschenwürdigen Lebens bieten (vgl. Bundesregierung, 2022).

Unternehmen und andere Mitwirkende der Gesellschaft sollen demnach alle drei Säulen der Nachhaltigkeit bestehend aus ökonomischen, ökologischen und sozialen Zielsetzungen gleichermaßen bei ihren Entscheidungen erwägen. Diese Veränderung erfordert ein Management von Technologien und Innovationen. Daher gilt es, die Themen Nachhaltigkeit und Digitalisierung eng miteinander zu verbinden.

1.1   Chancen und Herausforderungen

Eine nachhaltige Entwicklung kann in vielen Bereichen durch die Verwendung
von digitalen Technologien und datengetriebenen Innovationen gefördert und
vorangetrieben werden. Ebenso eröffnen sich durch den digitalen Wandel neue
Möglichkeiten z. B. für den Bildungs- und Gesundheitssektor. Besonders wichtig ist, die im Zuge der Digitalisierung eingesetzten Prozesse und Technologien
nachhaltiger zu gestalten, sodass diese gezielt zur Lösung der beschriebenen
Herausforderungen, z. B. des Klimawandels, beitragen. Denn ohne nachhaltige
Gestaltung kann Digitalisierung zu einem erhöhten Energie- und Ressourcenverbrauch führen und somit einen negativen Einfluss auf die Umwelt haben,
indem die begrenzten Vorräte weiterhin übermäßig ausgeschöpft werden. Zudem
kann Digitalisierung auch für zusätzliche Ungerechtigkeit sorgen und damit die
sozialen Krisen der aktuellen Zeit weiter verschärfen.

Vor diesem Hintergrund beschäftigt sich das Buch mit der Fragestellung, wie
Digitalisierungslösungen von Unternehmen der Erreichung der 17 SDGs der UN
dienen können.

Wichtig ist: Der Einsatz von Technologie ist nicht grundlegend positiv oder
negativ zu bewerten. Entscheidend ist, wie und mit welchem Zweck Technologie eingesetzt wird und welches Resultat erzielt wird, dementsprechend kann der
Einsatz von Technologie positiv oder negativ bewertet werden. Scheint der Einsatz einer Technologielösung auf den ersten Blick einen positiven Einfluss zu
erzielen, sollten trotzdem die absoluten Folgen kritisch betrachtet werden. Ein
digitaler Newsletter per E-Mail muss im Gegensatz zu einer Postwurfsendung
weder gedruckt noch geliefert oder entsorgt werden, aber durch das Erstellen, Versenden und Speichern der E-Mail entstehen CO_2-Emissionen, die nicht
direkt sichtbar sind. Ohne auf den ökologischen Fußabdruck der Hardware oder
den Energieverbrauch einzugehen, zeigt dieses sehr einfach dargestellte Beispiel
bereits die Komplexität der abschließenden Beurteilung von Technologie und
Digitalisierungslösungen. Auf der anderen Seite bieten neue Technologien das
Potenzial für innovative und nachhaltige Lösungsansätze. Vor dem Hintergrund
des voranschreitenden Klimawandels wird deutlich, dass innovative und nachhaltige Geschäftsmodelle nötig sind, um weniger nachhaltige Geschäftsmodelle
abzulösen oder Lösungen für bestehende Probleme zu schaffen.

1.2 Begriffliche Grundlagen

Nachhaltigkeit
Der Begriff *Nachhaltigkeit* beschreibt eine lang anhaltende Wirkung, die sich im Wesentlichen auf die Nutzung von Ressourcen und auf ein generationsübergreifendes menschliches Handeln konzentriert (vgl. Hauff, 1987, S. 46). Nachhaltigkeit beinhaltet die Verantwortung der gegenwärtigen Generationen, auch zukünftigen Generationen zu ermöglichen, deren Bedürfnisse bestmöglich befriedigen zu können (vgl. Bundesministerium für Bildung und Forschung, 2022). Der Begriff „Nachhaltigkeit" wurde erstmals im 17. Jahrhundert in der Forstwirtschaft verwendet, wobei nicht mehr Bäume gerodet als gepflanzt werden sollten (vgl. Reitemeier et al., 2019, S. 3). Das Konzept der nachhaltigen Entwicklung wird heutzutage als gleichrangiges Zusammenspiel aus drei Dimensionen aufgefasst. Die Abb. 1.1 illustriert Nachhaltigkeit als Schnittmenge der drei Aspekte Ökologie, Ökonomie und Soziales.

Die ökonomische Nachhaltigkeit beschreibt eine nachhaltig ausgerichtete Wirtschaft, wobei finanziell nicht über individuelle oder gesellschaftliche Verhältnisse gelebt wird und somit der wirtschaftliche Fortbestand für zukünftige Generationen gesichert ist (vgl. Blank, 2001, S. 374–385). Ökologische Nachhaltigkeit besteht, wenn eine effiziente Ressourcennutzung und nachhaltige Lebensweise umgesetzt werden, um eine Überlastung der natürlichen Ressourcen zu verhindern. Zudem soll das Wirtschaften sozialverträglich erfolgen und auf eine Steigerung der Lebensqualität und Aufrechterhaltung sozialer Ressourcen abzielen, um eine dauerhafte Sicherung menschlicher Existenz zu ermöglichen.

Weltweit wurde das Ziel definiert, Nachhaltigkeit im digitalen Zeitalter zu realisieren und Digitalisierung zur Umsetzung nachhaltiger Ziele zu nutzen. Demnach

Abb. 1.1
Triple-Bottom-Line-Modell.
(Quelle: In Anlehnung an
Petersen et al., 2015, S. 2)

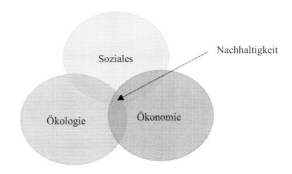

soll die globale Forschung im Bereich der Digitalisierung und Nachhaltigkeit zusammengeführt werden. Besonders die Entwicklung fortschrittlicher Technologien hat das Potenzial, einen Beitrag im Bereich nachhaltiger Ressourcen zu leisten. Durch Digitalisierung können neben der Effizienz- und Umsatzsteigerung auch essenzielle Ressourcenschonungen sowie Emissionsreduzierungen erreicht werden.

Die 17 Sustainable Development Goals
Die Stand Anfang 2024 sechs Berichte des Weltklimarates verdeutlichen, welche unwiderruflichen Folgen durch den Klimawandel für Ökosysteme entstehen, wenn die notwendigen Änderungen im menschlichen Handeln nicht umgesetzt werden, und welche Auswirkungen dies auf zukünftige Generationen haben wird (vgl. Eckert, 2022). Um die Folgen des Klimawandels abzumildern, bedarf es einer nachhaltigen Entwicklung menschlichen Handelns. Zu einer nachhaltigen Entwicklung gehört neben einer ökologischen Nachhaltigkeit auch eine soziale und eine ökonomische Nachhaltigkeit (vgl. Holzbaur, 2020, S. 63; Vereinte Nationen, o. J.a, S. 2). Um die Kernziele einer nachhaltigen Entwicklung festzuhalten, wurden die Sustainable Development Goals (SDGs) entwickelt. Der Beschluss zur Entwicklung der SDGs wurde auf der Konferenz der Vereinten Nationen über nachhaltige Entwicklung in Rio de Janeiro im Jahr 2012 getroffen. Die hieraus resultierende Agenda 2030 mit ihren 17 SDGs verabschiedeten die Vereinten Nationen im September 2015. Die SDGs entstanden in Anlehnung an die früheren Millenniums-Entwicklungsziele, kurz MDG, welche insbesondere für Entwicklungsländer galten (vgl. Vereinte Nationen, o. J.b). Die SDGs gelten, anders als die MDG, für alle 193 Mitgliedsländer der Vereinten Nationen (vgl. Engagement Global, o. J.). Neben den SDGs umfasst die Agenda 2030 die fünf Kernbotschaften Mensch (People), Planet (Planet), Wohlstand (Prosperity), Frieden (Peace) und Partnerschaft (Partnership) (vgl. Vereinte Nationen, o. J.a). Zu den 17 SDGs gehören die in Abb. 1.2 dargestellten, zentralen Ziele.

Die 17 Ziele fokussieren sich nicht nur auf ökologische Ziele, wie Maßnahmen zum Klimaschutz oder Leben an Land, sondern betrachten ebenso soziale und ökonomische Ziele, wie Gesundheit und Wohlbefinden, Industrie, Innovation und Infrastruktur. Zusätzlich zu den 17 Hauptzielen gibt es für jedes SDG konkrete Teilziele und Indikatoren, an denen der Erfolg der Maßnahmen gemessen wird (vgl. Vereinte Nationen, o. J.b). Ein möglicher Ansatz, um die SDGs voranzutreiben, ist die Nutzung von technologischen Entwicklungen und Digitalisierungslösungen.

Abb. 1.2 Die 17 SDGs. (Quelle: Vereinte Nationen, o. J.a)

Tech for Good

Die Bezeichnung „Tech for Good" umfasst Technologieentwicklungen und -anwendungen, mit denen Lösungen für soziale und ökologische Probleme geschaffen werden (vgl. BMW Foundation Herbert Quandt, 2020, S. 3). Das Tech-for-Good-Segment erstreckt sich dabei über verschiedene Akteure, von Start-ups über akademische Institute, Unternehmen bis hin zu Investoren, welche auf unterschiedliche Weise Technologien und Wirtschaftlichkeit verbinden, um eine nachhaltige Entwicklung voranzutreiben (vgl. BMW Foundation Herbert Quandt, 2020, S. 4). Beispielhaft für digitale Technologien, die hier angewendet werden, sind künstliche Intelligenzen, Internet of Things sowie Mobile und Web Apps zu nennen, durch die Prozesse optimiert, effizienter oder neu entwickelt werden (vgl. McKinsey Global Institute, 2019, S. 23). Bestärkt durch politische Rahmenbedingungen, staatliche Investitionen und den technischen Fortschritt, gewinnt Tech for Good zunehmend an Bedeutung (vgl. BMW Foundation Herbert Quandt, 2020, S. 5). Die folgende Abb. 1.3 zeigt die Anzahl von Tech for Good Projekten aus Europa, aufgeteilt nach ihren eingesetzten Technologien:

Bezogen auf die Gesamtzahl sind Mobile und Web Apps, Social Networks, Social Media und Open Data die am häufigsten eingesetzten Technologien. Nichtsdestotrotz sind die eingesetzten Technologien so vielfältig wie ihre Anwendungsgebiete, wie beispielsweise der Gesundheitssektor oder der Finanzsektor.

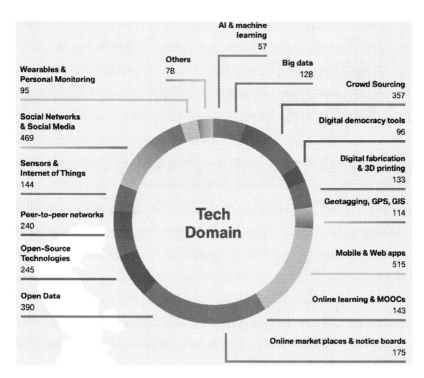

Abb. 1.3 Anzahl Tech-For-Good-Projekte aus Europa. (Quelle: BMW Foundation Herbert Quandt, 2020, S. 9)

Digitalisierung als Instrument für nachhaltige Entwicklung

2

2.1 Digitalisierung als Treiber für nachhaltige Entwicklung

Die Weltbevölkerung sieht sich mit einer Reihe von ökologischen und gesellschaftlichen Herausforderungen konfrontiert, zum Beispiel beim Klima- und Artenschutz und sozialer Ungleichheit. Damit rückt die Forderung nach Nachhaltigkeit immer stärker in den Vordergrund und ist ein entscheidender Aspekt des gesellschaftlichen Wandels. Die zweite vorherrschende Transformation ist die Digitalisierung. Sie durchdringt Wirtschaft und Gesellschaft und verändert jeden Bereich des Lebens. Gesellschaftlicher Wohlstand sowie Wettbewerbs- und Innovationsfähigkeit sind vom Grad der Digitalisierung abhängig (vgl. Ministerium für Umwelt, Klima und Energiewirtschaft Baden-Württemberg, 2021). Wichtig ist, diese beiden Entwicklungen zusammenzuführen. Durch Digitalisierung bieten sich viele Möglichkeiten für eine nachhaltige Entwicklung. Das Bundesministerium für Bildung und Forschung trägt dieser Herausforderung Rechnung in seinem Aktionsplan „Natürlich.Digital.Nachhaltig", dessen Ziele und Maßnahmen eng verzahnt sind mit der Agenda 2030 der Vereinten Nationen (vgl. Bundesministerium für Bildung und Forschung, 2020, S. 3). Digitale Technologien können eine nachhaltige Entwicklung unterstützen und beschleunigen. Beispiele finden sich dafür in der Stadtentwicklung, der Kreislaufwirtschaft, im Gesundheitssektor und der Energiewende. Durch die Förderung von Bildung wird die Grundlage für nachhaltige digitale Innovationen geschaffen und die Voraussetzung, um in einer digitalisierten Welt auch nachhaltige Entscheidungen zu treffen. Das BMBF hat 2020 die Digitalisierung als einen neuen Schwerpunkt in den Prozess, Bildung für nachhaltige Entwicklung, aufgenommen, in

M. H. Dahm, *Digitale Lösungen für eine nachhaltige Zukunft*, essentials, https://doi.org/10.1007/978-3-658-44589-8_2

Bildungsstrukturen und Bildungsangeboten sollen Nachhaltigkeit und Digitalisierung verstärkt aufgenommen werden (vgl. Bundesministerium für Bildung und Forschung, 2020, S. 3). Erste Erfolge der Ausrichtung der Digitalisierung auf Nachhaltigkeit sind bereits heute für fast jedes SDG sichtbar. So ermöglichen beispielsweise schnellere und in Echtzeit steuerbare Prozesse und Systeme Optimierungen von Lieferketten und sparen dadurch Ressourcen und Energie ein (vgl. McKinsey Global Institute, 2018). Die Auswertung von großen Datenmengen mittels künstlicher Intelligenz ermöglicht eine bessere Diagnostik von Krankheiten oder Vorhersagen von Klimakatastrophen und die Beantwortung vieler anderer komplexer Fragestellungen. Neue Analysemethoden können die Grundlage für neue Lösungsansätze sein. So begann im Jahr 2018 durch Bund und Länder der Aufbau der nationalen Forschungsstruktur verbunden mit dem Aufbau des Nationalen Hochleistungsrechners. Wissenschaftler sollen hier durch eine datenorientierte Infrastruktur unterstützt werden und Zugang zu qualitätsgeprüften Daten erhalten. Andere Programme entwickeln Modelle für die medizinische Versorgung auf dem Land. KI-Elektroniksysteme werden zum Beispiel zum Erkennen von Krankheitsbildern auf Basis von EKG-Daten erprobt. Die Entwicklung eines hochauflösenden Stadtklimamodells für die Ergreifung von Maßnahmen zur Verbesserung des Stadtklimas, die Innovationsplattform *Digitalisierung, vitale Innenstädte und Einzelhandel* oder der Förderschwerpunkt *Agrarsysteme der Zukunft* zum Erhalt der Artenvielfalt bei gleichzeitiger Nahrungserzeugung sind weitere Schwerpunktthemen beim Zusammenschluss von Digitalisierung und Nachhaltigkeit (vgl. Bundesministerium für Bildung und Forschung, 2020, S. 20). In der gemeinsamen Betrachtung von Nachhaltigkeit und Digitalisierung liegen somit große Chancen, um die Erreichung der SDGs zu fördern.

2.2   Herausforderungen von Digitalisierung in Bezug auf Nachhaltigkeit

Mit Voranschreiten der Digitalisierung besteht gleichzeitig das Risiko, negative Trends, wie einen steigenden CO_2-Ausstoß, zu verstärken (vgl. Wissenschaftlicher Beirat der Bundesregierung Globale Umweltveränderungen, 2019). So sind digitale Technologien für 4 % der weltweiten Treibhausgasemissionen verantwortlich (vgl. The Shift Project, 2019a). Der erhöhte Stromverbrauch durch eine Vielzahl digitaler Anwendungen wie Cloud Computing, Streaming-Angebote und Datenanalysen mittels künstlicher Intelligenz durch unnötige Aufwände in Speicherung, Übertragung und Auswertung sollte begrenzt werden. Die erzielte

Effizienzsteigerung durch digitale Innovationen kann zu einem erhöhten Ressourcenverbrauch führen, da zum Beispiel Kosten- und Preissenkungen durch digitalisierte Prozesse den Konsum steigern. Ein zunehmend wichtiges Thema stellt auch die Datensicherheit dar (vgl. Bundesministerium für Bildung und Forschung, 2020, S. 6). Verunsicherungen führen hier zu einem Vertrauensverlust in digitale Technologien und zu fehlender Akzeptanz, sodass das Potenzial der bereits existierenden digitalen Lösungen für mehr Nachhaltigkeit nicht ausgeschöpft werden kann. Eine weitere Herausforderung stellt die zunehmende Komplexität digitaler Infrastrukturen dar, die dadurch anfälliger für Störungen und Angriffe ist. Die größte Herausforderung für die Politik ist es, Anreize zu schaffen, gezielte Forschungsprojekte zu unterstützen und gleichzeitig den genannten Risiken zu begegnen und damit die Voraussetzungen für die Nutzung der Chancen der Digitalisierung für eine nachhaltige Entwicklung zu erreichen. Initiativen wie digitale Arbeitswelt oder ökonomische Aspekte von IT-Sicherheit und Privacy werden seit wenigen Jahren im Bereich Datenschutz bereits vorangetrieben. Auch die digitalen Technologien selbst müssen nachhaltig gestaltet werden. Auf die Förderung und Optimierung digitalisierter Infrastrukturen, Systeme und Endgeräte, effizienter, ressourcensparender Fertigungs- und vor allem auch Recyclingverfahren sollte hier gleichermaßen Augenmerk gelegt werden wie auf die nachhaltige Gestaltung digitaler Arbeitsprozesse und die Vermittlung digitaler Kompetenzen. Hier kann durch die Implementierung von Nachhaltigkeits- und Digitalisierungsthemen in Bildungsstrukturen und Bildungsangeboten ein großer Beitrag geleistet werden (vgl. Bundesministerium für Bildung und Forschung, 2020, S. 10).

Gesellschaftlicher Auftrag im Zeitalter der Digitalisierung ist es somit, dass Nachhaltigkeitsstrategien und -konzepte stets weiterentwickelt und miteinander verzahnt werden, um Lösungen für negative Effekte und Herausforderungen zu finden.

Wirkung der Digitaltechnologien – Praxisbeispiele

3

3.1 Eidu – Bildung für die Welt

Die Vision des Unternehmens Eidu ist es, bis 2030 das Bildungssystem weltweit radikal zu verändern. Um dies zu erreichen, entwickelt und vertreibt das Unternehmen digitale Lernplattformen (vgl. Eidu GmbH, o. J.). Insbesondere in Ländern, in denen die Bildungssituation mangelhaft ist, erhalten Schüler so per Smartphone Zugang zu Bildungsangeboten. Zudem unterstützt und schult das Unternehmen digital Lehrer bei der Erfüllung ihres Bildungsauftrages. Aktuell konzentriert sich das Unternehmen auf die Implementierung der Plattform und die Unterstützung von Schulen in Kenia, Nigeria und Ghana (vgl. Eidu GmbH, o. J.). Mittels Open-Source-Software[1] werden unter anderem Lerninhalte zu den Themen Lesen und Mathematik bereitgestellt und kontinuierlich erweitert. Mit Hilfe von Algorithmen und künstlichen Intelligenzen kann ausgewertet werden, welche Fortschritte die Schüler durch die Nutzung der digitalen Lerninhalte erzielen. Durch die Analyse der gewonnenen Daten können die Lerninhalte verbessert und individuell an die jeweiligen Schüler angepasst werden. Damit die digitale Lernplattform erfolgreich eingesetzt werden kann, unterstützt das Unternehmen Schulen und Lehrer vor Ort bei der Implementierung und Finanzierung der Smartphones und des Services. Aktuell belaufen sich die Nutzungskosten auf 3 US\$ pro Jahr pro Kind (vgl. Eidu GmbH, o. J.).

Hochwertige Bildung – SDG 4
Betrachtet man das Geschäftsmodell von Eidu im Zusammenhang mit der Förderung der 17 SDGs, fällt zuerst die Verbindung zum vierten Ziel, hochwertige Bildung,

---

[1] Bei Open-Source-Software handelt es sich um Software, bei der die Nutzung und der Quellcode frei zur Verfügung stehen (vgl. Achtenhagen et al., 2003, S. 455).

© Der/die Autor(en), exklusiv lizenziert an Springer Fachmedien Wiesbaden GmbH, ein Teil von Springer Nature 2024
M. H. Dahm, *Digitale Lösungen für eine nachhaltige Zukunft*, essentials,
https://doi.org/10.1007/978-3-658-44589-8_3

auf. Das Ziel ist die Ermöglichung von inklusiver, hochwertiger Bildung und die Schaffung lebenslanger Lernmöglichkeiten weltweit. Durch die digitalen Lernplattformen und die Kooperation mit Stiftungen erhalten Kinder kostenlosen Zugang zu hochwertigen Bildungsangeboten, die dort aktuell nicht von staatlichen Instituten bereitgestellt werden. Laut der Organisation UNESCO verfügen weltweit mehr als 56 % der Grundschulkinder und mehr als 61 % der Jugendlichen nicht über grundlegende Lesefähigkeiten (vgl. UNESCO, 2019, S. 124). Bezogen auf Kenia mangelt es insbesondere an finanziellen und Humanressourcen, um die staatlich geplanten Bildungsreformen auch in ländlichen Regionen umzusetzen. Fehlende Lehrkräfte, mangelhafte Ausstattung der Bildungseinrichtungen und unqualifiziertes Lehrmaterial und Lehrkräfte sind die Folgen (vgl. Baumann et al., 2020, S. 278). Die Digitalisierungslösung von Eidu zielt auf die Verbesserung der aktuellen Situation ab, ohne Erhöhung der Humanressourcen vor Ort. Durch die digitalen Lerneinheiten und Lernangebote können Mitarbeitende weltweit Lerninhalte erstellen, ohne vor Ort zu sein. Auch die Vermittlung der Lerninhalte geschieht unabhängig von dem Wissensstand und der Qualität der Lehrkräfte vor Ort. Mit der Digitalisierungslösung von Eidu soll ein positiver Einfluss auf die Erreichung des vierten SDGs – hochwertige Bildung – erzielt werden. Langfristig gesehen könnte die Digitalisierungslösung von Eidu auch einen positiven Einfluss auf die Armut in den eingesetzten Regionen erzielen. Mangelende Bildung kann sowohl Folge als auch Grund für Armut sein. Können Familien nicht in die Bildung ihrer Kinder investieren oder ihnen nur mangelhafte Bildung ermöglichen, überträgt sich die Armut auf die nächste Generation (vgl. Bliss, 2021, S. 57). Inwieweit das Modell von Eidu auch zur Förderung des ersten SDGs – keine Armut – genannt werden kann, ist bezogen auf den zeitlichen Rahmen der SDGs jedoch fragwürdig, da die Ziele der SDGs bereits 2030 erreicht werden sollen. Daher benötigt es für die Erreichung des ersten SDGs weitere Maßnahmen, um diesen zeitlichen Rahmen einhalten zu können. Ob der Einsatz von Eidu einen positiven Einfluss auf die Gleichberechtigung von Jungen und Mädchen in Schulen fördert, lässt sich aufgrund fehlender Daten nicht beurteilen.

3.2   Too Good To Go – Lebensmittelverschwendung vermeiden

Das Unternehmen Too Good To Go wurde in Dänemark gegründet und ist heute in 14 Ländern in Europa ansässig. Anfang 2021 begann Too Good To Go die Expansion außerhalb Europas, in den USA. Hierfür generierte das Unternehmen

rund 31 Mio. US$ Kapital (vgl. Deters & Schwarz, 2021, S. 21). Die Vision von
Too Good To Go lautet: „Eine Welt ohne Abfall, in der jeder Mensch den Wert
unserer Ressourcen versteht und schätzt." (Too Good To Go, 2020a) Als aktuelle
Mission setzt sich Too Good To Go gegen die Verschwendung von Lebensmitteln ein. Dies soll durch die Bereitstellung einer Mobile-App-Plattform erreicht
werden, auf der Unternehmen ihre am Ende des Tages übrig gebliebenen und aus-
sortierten Lebensmittel zu einem günstigeren Preis an Kunden verkaufen können.
Zu den Anbietern gehören unter anderem Restaurants, Lebensmittelhändler und
Hotels (vgl. Too Good To Go, 2020a). Ergänzend hierzu klärt das Unternehmen in
verschiedenen Social-Media-Kanälen über die Verschwendung von Lebensmitteln
auf und gibt Anregungen, um eine Verschwendung im eigenen Haushalt zu vermeiden. Eine Initiative von Too Good To Go ist das Label „Past My Date – Look,
Smell, Taste – Don't Waste" (Too Good To Go, 2020b, S. 16)[2]. Mit dem Label
möchte Too Good To Go auf Produkten von namenhaften Lebensmittelherstellen
darauf aufmerksam machen, dass Lebensmittel nach Ablauf des Mindesthaltbarkeitsdatum noch verzehrfähig sind. Ein weiteres Geschäftsmodell wird von Too
Good To Go in Kopenhagen mithilfe eines eigenen Ladengeschäftes umgesetzt. In
dem Ladengeschäft werden Lebensmittel verkauft, welche direkt von Lebensmit-
telherstellern erworben wurden. Das Besondere bei den Lebensmitelen ist, dass
diese von Supermärkten nicht akzeptiert wurden, da zum Beispiel die Etiketten
falsch bedruckt wurden oder das Mindesthaltbarkeitsdatum in Kürze abläuft (vgl.
Too Good To Go, 2018).

Digitale Lösung für weniger Lebensmittelverschwendung – SDG 12
Laut einer Studie des Thünen-Instituts werfen Deutsche jährlich rund 12 Mio.
Tonnen Lebensmittel in den Müll. Der Großteil der Lebensmittelverschwendung
in Deutschland erfolgt mit 52 % in privaten Haushalten. Auf die Außer-Haus-
Verpflegung entfallen 14 % und auf den Lebensmittelhandel 4 % (vgl. Hafner et al.,
2019, S. 5).
　　Beurteilt man das Geschäftsmodell von Too Good To Go mit der Förderung
der 17 SDGs, kann eine Verbindung zu dem zwölften Ziel der SDGs, – nach-
haltige/r Konsum und Produktion – hergestellt werden. Unter dem zwölften Ziel
findet man das konkrete Teilziel: „Bis 2030 Halbierung der weltweiten Pro-
Kopf-Lebensmittelverschwendung im Einzelhandel und bei den Verbrauchern und
Verringerung der Lebensmittelverluste entlang der Produktions- und Lieferketten,

---

[2] Die Deutsche-Kampagne lautet: „Oft länger gut – Schauen, Riechen, Probieren".

einschließlich der Nacherntverluste"[3]. Durch die Vermittlung von Lebensmitteln und überschüssigen Gerichten trägt Too Good To Go dazu bei, noch essbare Lebensmittel vor der Entsorgung zu retten. Too Good To Go ist bewusst, dass die größte Quelle der Lebensmittelverschwendung jedoch in den privaten Haushalten liegt (vgl. Too Good To Go, 2020b, S. 14). Daher unterstützt Too Good To Go, durch gezielte Initiativen das Konsumverhalten von Menschen zu beeinflussen und ein Umdenken in der Gesellschaft zu erzielen. Hierfür analysiert das Unternehmen, warum es überhaupt zu der Lebensmittelverschwendung im eigenen Haushalt kommt (vgl. Too Good To Go, 2020b, S. 14). Neben dem zwölften SDG unterstützt Too Good To Go auch die Erreichung des dreizehnten SDGs – Maßnahmen zum Klimaschutz. Für die Herstellung von Lebensmitteln werden knappe Ressourcen verwendet und bei der Herstellung und dem Transport der Lebensmittel entstehen Emissionen. Werden die Lebensmittel nicht verzehrt, sind die Emissionen für den Anbau und die Herstellung trotzdem entstanden. Zudem kommen Emissionen für die Verbrennung des Lebensmittelmülls hinzu.

Hier unterstützt das Geschäftsmodell von Too Good To Go die Erreichung des dreizehnten SDGs, da ein Umdenken im Konsumverhalten der Gesellschaft erreicht werden soll. So könnten die Lebensmittelhersteller ihre Produktion anpassen und dadurch die überschüssige Produktion von Lebensmitteln vermeiden.

3.3   Tomorrow Bank – nachhaltiges Banking sicherstellen

Die Tomorrow Bank ist aus der Idee für ein Social Business im Jahr 2018 entstanden, mit der Vision, „Geld als Hebel für positiven Wandel" (Tomorrow Bank, 2022a) zu nutzen. Seit der Gründung arbeiten mittlerweile über 120 Mitarbeiter für die Tomorrow Bank und über 115.000 Kunden konnten von dem Geschäftsmodell überzeugt werden. Dabei hat sich die Tomorrow Bank verpflichtet, die erste nachhaltige Bank Deutschlands zu sein. Hierbei steht neben der Nachhaltigkeit vor allem das digitale Banking im Vordergrund, welches den Nutzern ein möglichst komfortables Verwalten des finanziellen Alltags der Kunden der Tomorrow Bank ermöglichen soll. In diesem Bereich setzt die Tomorrow Bank auf eine reine Banking-App, welche zum einen das Senden und Empfang von

---

[3] Originaltext: „By 2030, halve per capita global food waste at the retail and consumer levels and reduce food losses along production and supply chains, including post-harvest losses."

Geld in Echtzeit verspricht und darüber hinaus zum anderen eine weltweit gebührenfreie Zahlung gewährleistet. Zudem bieten sie eine rein digitale Eröffnung eines Girokontos unter 10 min an, welches je nach Kontomodell um mehrere digitale Unterkonten erweitert werden kann (vgl. Tomorrow Bank, 2022b). Mit zusätzlichen Features, wie der Funktion *Insights*, können Kunden durch eine Aufbereitung ihrer Umsätze auf dem Konto zusätzliche Informationen zu ihrem Ausgabeverhalten sowie Hinweise zu dem CO_2-Ausstoß jeder Transaktion oder eines Einkaufes erhalten.

Mit der Globalisierung hat sich die Weltwirtschaft verändert, sodass heute die Rollen zwischen Politik, Wirtschaft und Gesellschaft nicht mehr klar getrennt werden können. Die daraus resultierende Verantwortung von Unternehmen für das gesellschaftliche Wohl auf regionaler und auch globaler Ebene erhält dadurch eine größere Relevanz.

Die Bankenbranche spielt innerhalb des Weltwirtschaftssystems eine besondere Rolle.

Mit der Vergabe von Krediten schaffen Banken zusätzliche Mittel, wodurch die Gesamtgeldmenge verändert wird und zusätzliches Wirtschaftswachstum entstehen kann. Somit wird durch die Kreditvergabe der Banken gesteuert, in welcher Branche ein Wirtschaftswachstum gefördert wird. Mit einer Veränderung zur nachhaltigen Kreditvergabepolitik können Banken einen Einfluss auf ihre Kreditnehmer, also Unternehmen verschiedener Branchen nehmen. Des Weiteren werden Einlagen der Sparer der Bank nicht nur für die Kreditvergabe genutzt, sondern auch zu großen Teilen in Form von Beteiligungen oder Aktien investiert (vgl. Deutsche Bundesbank, 2019, S. 52 f.). Durch diese Investments nehmen Banken direkt an der Wirtschaftsentwicklung teil und haben als ein relevanter Abnehmer von Wertpapieren mit den Kriterien ihrer Kaufentscheidung einen direkten Einfluss auf die Nachhaltigkeit der jeweiligen Wirtschaftsakteure, wie beispielsweise Aktiengesellschaften. Dies gilt genauso bei dem Angebot nachhaltiger Produkte im Bereich der Geldanlage für Kunden. Die Anlagepolitik stellt deswegen einen weiteren entscheidenden Faktor bei der Bewertung sozialer Verantwortungsübernahme dar (vgl. Schneider & Schmidpeter, 2015, S. 450). Dabei ist mit einer verantwortungsvollen Anlagepolitik beispielsweise der Rückgriff auf am Finanzmarkt gehandelte Produkte gemeint, die den ESG-Kriterien entsprechen (Weber, 2015, S. 935).

Klimaschutz verbessern – SDG 13 und 15
Bezieht man die Dienstleistung der Tomorrow Bank auf die Unterstützung der Erreichung der SDGs, fällt zuerst der positive Beitrag zum dreizehnten Ziel – Maßnahmen zum Klimaschutz – und zum fünfzehnten Ziel – Leben auf dem Land – auf. Die

Tomorrow Bank nutzt einen erheblichen Teil ihrer Einnahmen aus dem Zahlungs-verkehr, um Klimaschutzprojekte gemeinsamen mit ihrem Kooperationspartner, Climate Partner in Brasilien, zu finanzieren. So konnten bisher über 79 Mio. Bäume geschützt und 119.000.000 kg CO_2 kompensiert werden (vgl. Tomorrow Bank, 2021, S. 28). Weiter wird den Kunden über die Funktion *Rounding Up* ermöglicht, bei jeder Zahlung auf einen vollen Euro-Betrag aufzurunden. Die Differenzbeträge werden gesammelt und im Anschluss in soziale Bildungsprojekte für Frauen in Uganda investiert und unterstützen dabei vor Ort mehr soziale Gerechtigkeit (vgl. Tomorrow Bank, 2022c). Diese Funktion zahlt gleichzeitig auf das vierte Ziel – hochwertige Bildung – und das fünfte Ziel – Geschlechtergleichheit – der SDGs ein. Eine weitere digitale Funktion, mit der ein positiver Beitrag zu dem zwölften Ziel der SDGs – nachhaltige/r Konsum und Produktion – geleistet werden soll, ist der CO_2-Fußabdruck von Käufen. In der App der Tomorrow Bank wird dem Kontoinhaber für jeden Einkauf, der mit dem Konto getätigt wird, automatisch der CO_2-Ausstoß des gekauften Gutes oder eingezogenen Lastschrift sichtbar gemacht. Hier kann man ebenfalls den direkten Bezug zum zwölften Ziel der SDGs erkennen. Diese Funktion ermöglicht dem Nutzer, seine persönliche CO_2-Bilanz zu erfassen. Gleichzeitig präsentiert die App Alternativen, wie der Nutzer seine persönliche Kli-mabilanz verbessern kann, beispielsweise in Form von nachgewiesen nachhaltigen Stromanbietern, mit denen eine Partnerschaft besteht (vgl. Tomorrow Bank, 2022d). Laut der Aussage der Tomorrow Bank definiert sich nachhaltiges Banking über die Art der durch die Bank getätigten Investments. Hierbei bezieht sich die Bank auf das Investieren von Kundeneinlagen. Kundeneinlagen werden in sogenannte *Impact Investments und Social Responsible Investments* getätigt, wie beispielsweise Social Housing Bonds oder Green Bonds (vgl. Tomorrow Bank, 2021, S. 25 f.). Die Ziele von Impact Investments und von Social Responsible Investments sind unterschied-lich, denn während Impact Investing das Ziel hat, den Stiftungszweck zu fördern, wird mit dem Social Responsible Investments versucht, die Anlage von Kundengel-dern mit dem Stiftungszweck anzugleichen und dadurch nicht nachhaltig handelnde Unternehmen auszuschließen.

Von der Tomorrow Bank getätigte Investition werden jeweils mit vordefinier-ten Kriterien geprüft. Diese orientieren sich unter anderem an den SDGs der Vereinten Nationen. Darüber hinaus werden Branchen, die Rüstung, Kohle oder Massentierhaltung betreiben oder unterstützen, grundlegend ausgeschlossen.

3.4 Be Healthy, Be Mobile (BHBM) – gesundheitliches Wohlergehen

Obwohl vom Wirtschafts- und Sozialrat der Vereinten Nationen bereits im Jahr 2000 ausgesprochen wurde, dass Gesundheit und somit medizinische Versorgung grundlegende Menschenrechte darstellen, ist die Bereitstellung einer ausreichenden Gesundheitsversorgung auch 20 Jahre später noch in weiten Teilen der Welt eine Herausforderung. Weltweit haben über 400 Mio. Menschen keinen Zugang zu medizinischer Versorgung (vgl. Global e-Sustainability Initiative, o. J., S. 17; World Health Organization, 2015a, S. 2). Die Auswirkungen sind verheerend und die Bedingungen haben sich durch die globale COVID-19-Pandemie noch verschlechtert.

Die medizinischen Probleme sind vielseitig, besonders in Entwicklungsländern. Dies sieht man beispielsweise an der Verteilung von Pflegekräften und Hebammen. Während etwa das Verhältnis von Pflegern und Hebammen zu Einwohnern in Nordamerika bei 1:67 liegt, liegt dieses Verhältnis in afrikanischen Ländern bei 1:1000 (vgl. United Nations, 2021, S. 10). Ein fehlender Zugang zu Bildung ist eine Möglichkeit, dies zu erklären. Es mangelt an ausgebildeten medizinischen Fachkräften, sowohl in Entwicklungsländern als auch in ruralen Regionen von Industrieländern. Zum anderen sind weitere Gründe wie fehlende finanzielle Mittel und eine unzureichende Infrastruktur zur Versorgung der Bevölkerung mit Medikamenten für die Zustände verantwortlich zu machen (vgl. Leisinger, 2009, S. 4 und S. 7).

Mit diesen medizinischen Missständen setzt sich das dritte SDG auseinander, dessen Unterziele unter anderem der Schutz aller Menschen vor übertragbaren (z. B. Aids, Tuberkulose) und nicht übertragbaren Krankheiten (z. B. Krebs, Diabetes), die Prävention und Behandlung von Substanz- bzw. Suchtstoffmissbrauch sowie die Ermöglichung einer grundlegenden medizinischen Versorgung ohne finanzielle Risiken für alle Menschen sind (vgl. Global Policy Forum, o. J., S. 1 f.).

Ein Ansatz, um mit diesen Missständen umzugehen, ist eHealth. Dies umfasst die Verwendung von Informations- und Kommunikationstechnologien zu gesundheitlichen Zwecken und die Nutzung digitaler, mobiler und drahtloser Technologien. Darunter fallen beispielsweise mobile Applikationen, Videotelefonie, Wearables, Sensoren, Drohnen, Augmented Reality oder Plattformen (vgl. Unicef, o. J., S. 11).

Gesundheit und Wohlergehen fördern – SDG 3

Ein konkretes Beispiel, wie digitale Lösungen bei der Erreichung des dritten SDGs unterstützen können, ist die Initiative Be Healthy, Be Mobile (BHBM) und das dafür von der Weltgesundheitsorganisation (WHO) in Zusammenarbeit mit der Internationalen Fernmeldeunion (Englisch: International Telecommunication Union; ITU) entwickelte System. Im Rahmen der BHBM-Initiative wird Regierungen ein technisches System bereitgestellt, welches als Grundlage für diverse Gesundheitsanwendungen genutzt werden kann. Auf diesem System werden beispielsweise mobile Applikationen implementiert, die Menschen unterstützen, mit dem Rauchen aufzuhören (mTobaccoCessation) (vgl. World Health Organization, 2015b), bei der Prävention und im Umgang mit Diabetes oder Gebärmutterhalskrebs helfen (mDiabetes, mCervicalCancer) (vgl. World Health Organization, 2016a, b), Gesundheitsinformationen zum Leben mit Asthma und anderen chronischen Atemwegskrankheiten liefern (mBreatheFreely) (vgl. World Health Organization, 2018a) oder älteren Menschen Informationen bereitstellen und Hilfestellung geben, wie man im Alter gesund lebt (mAgeing) (vgl. World Health Organization, 2018b). Für jede Applikation gibt es ein Handbuch, welches den Regierungen zur Verfügung gestellt wird, um die verschiedenen eHealth-Programme implementieren zu können (vgl. International Telecommunication Union, World Health Organization, 2019, S. 6).

Die BHBM-Initiative hat bereits über 3,5 Mio. Menschen über mobile Gesundheitsapplikationen erreicht, die auf dem bereitgestellten System implementiert wurden, und ist in elf Ländern in Nutzung, unter anderem im Senegal, in Indien, in Sambia, in Tunesien und im Sudan.

In Indien kommt unter anderem die Applikation mTobaccoCessation zum Einsatz, denn in Indien rauchen fast 100 Mio. Menschen. Die Applikation unterstützt mittlerweile mehr als zwei Millionen Nutzende dabei, mit dem Rauchen aufzuhören.

An den Statistiken ist erkennbar, dass die Systemlösung der WHO und ITU mit ihren verschiedenen Einsatzgebieten zur Erreichung des SDG 3 beiträgt, da sie nicht nur im Umgang mit Krankheiten unterstützt, sondern auch deren Prävention fördert. Besonders aufgrund der hohen Nutzungsrate von Internet und Mobiltelefonen weltweit haben mobile Gesundheitsprogramme und -services ein großes Potenzial, einen höheren Gesundheitsstandard zu erreichen und mehr Menschen den Zugang zu grundlegender medizinischer Versorgung zu ermöglichen (vgl. Global e-Sustainability Initiative, o. J., S. 17; World Health Organization, 2015a, S. 13). Die Lösung BHBM zeigt dies deutlich, dennoch bleibt der Umfang der möglichen Ergebniserreichung durch einzelne Lösungen zu diskutieren.

3.5   Palantir Technologies – Frieden und Gerechtigkeit erreichen

Den Vereinten Nationen zufolge dienen Frieden, körperliche Unversehrtheit und Schutz durch ein stabiles Rechtssystem einer nachhaltigen Entwicklung und dem Wohlstand der Menschen. Aktuell haben jedoch zu wenige Personen Zugang zur Justiz, zu Informationen und starken Institutionen. Auch andere Grundfreiheiten stehen häufig nur einem ausgewählten Kreis zur Verfügung. Millionen von Menschen sind bedroht von häuslicher Gewalt, Kriminalität und kriegerischen Konflikten. Hieraus resultieren schlechte Lebensbedingungen, ein eingeschränkter Zugang zu Ressourcen jeglicher Art sowie dadurch verringerte Chancen auf Bildung, Gesundheitsfürsorge und Mitbestimmung (vgl. United Nations, 2021).

Diese Thematiken werden im sechzehnten Nachhaltigkeitsziel der UN aufgegriffen, welches sich für Frieden, Gerechtigkeit und starke Institutionen einsetzt. Die Daseinsberechtigung und Aktualität des Ziels werden durch aktuell veröffentlichte Zahlen der UN verdeutlicht. So sterben derzeit laut Angaben der UN 100 Zivilisten pro Tag in bewaffneten Konflikten. Ebenfalls walten neben kriegerischen Konflikten auch Ungleichheit, Willkür und Korruption in vielen Staaten. Dort fehlt es an staatlicher Ordnung, Verwaltung und Daseinsfürsorge (vgl. Engagement Global, o. J.).

Am Beispiel des Rechtsstaats Deutschland lässt sich die Relevanz des Ziels noch einmal verdeutlichen. Der UN zufolge gehört Deutschland zwar zu einem der sichersten Länder der Welt, jedoch ist auch Deutschland nicht frei von Korruption und Versagen in der staatlichen Verwaltung. Außerdem wirken sich Kriege und Konflikte ebenfalls auf Deutschland aus, wie am Beispiel des Krieges zwischen der Ukraine und Russland zu sehen ist (vgl. Martens & Obenland, 2017, S. 104 f.). Die Zahlen bestätigen, dass Deutschland trotz seiner belastbaren Justiz nicht entkriminalisiert ist und an einer friedlichen und inklusiveren Gesellschaft auch hierzulande gearbeitet werden muss.

Viele Nationen und Unternehmen sehen ein hohes Potenzial im Bereich Big Data (vgl. Klöckner & Olk, 2020). Big Data steht als Oberbegriff für die Strukturierung und Analyse großer Datenmengen. Hierfür können unternehmensinterne und externe Datenquellen qualitativ und quantitativ aufbereitet werden. Spezielle Konzepte und Verfahren liefern unter Einsatz neuer Technologien und Softwareanwendungen verwertbare Ergebnisse. Eine solche neue Technologie bietet das US-amerikanische Unternehmen Palantir Technologies mit seinem Produkt Foundry an (vgl. Palantir, o. J.a).

Frieden, Gerechtigkeit und starke Institutionen – SDG 16
Palantir Technologies ist ein US-amerikanisches Unternehmen, welches sich auf die Analyse großer Datenmengen spezialisiert hat. Mit seinen Produkten können Behörden, Einrichtungen und Unternehmen große Datenmengen anwenderfreundlich auswerten. Das Produkt Foundry ist eine Software für Datenintegration, Informationsmanagement und quantitative Analysen. Dabei dient es als Datenbank für Unternehmen, um Informationen zu sammeln und zu analysieren. Ein Zugang zur Plattform ermöglicht Zugriff auf grafische Datenschnittstellen und statistische Analysen, die durch künstliche Intelligenz erstellt werden (vgl. Palantir, o. J.b).

Während der COVID-19-Pandemie verschenkte Palantir Technologies seine Software an Regierungen und Gesundheitsämter auf der ganzen Welt, um das Infektionsgeschehen unter Kontrolle zu bekommen. Mittels Foundry als Datenmining-Programm war es den Behörden möglich, über Algorithmen und statistische Methoden große Datenmengen zu verarbeiten und auf diese Weise frühzeitig Trends zu erkennen und kommende Entwicklungen zu analysieren. Staaten wie die USA, Griechenland und Großbritannien nahmen dieses Geschenk an und nutzen die Software, um Daten im Zusammenhang mit der COVID-19-Pandemie auszuwerten. Ebenfalls wird Foundry von der US-Behörde Centers for Disease Control and Prevention in der Datenanalyse verwendet, um Informationen über belegte Betten, Patienten, Beatmungsgeräte und die medizinische Versorgung bereitstellen zu können. Dies stellte im Umgang mit der COVID-19-Pandemie einen großen Mehrwert dar, da hierdurch eine bessere Planbarkeit in der Krisensituation entstand.

Der Chief Executive Officer Alex Karp von Palantir Technologies erklärte in einem Interview anlässlich des Weltwirtschaftsforums in Davos: „Die Kernaufgabe unseres Unternehmens ist es, den Westen, besonders Amerika, zur stärksten Macht der Welt zu machen, um Frieden und Wohlstand zu sichern." (Karp, 2020) Damit dieses Ziel erreicht werden kann, kooperiert das Unternehmen mit zahlreichen Sicherheitsbehörden in den USA und Europa. Bei dieser Zusammenarbeit steht neben Foundry noch ein weiteres Produkt von Palantir Technologies mit dem Namen Gotham im Fokus (vgl. Koch, 2020).

Gotham ist ein Tool, mit welchem sich Big-Data-basierte Informationen ebenso auswerten lassen wie mit Foundry. Bei diesem Produkt steht jedoch die Aufklärung von Straftaten im Vordergrund. Die Software verknüpft verschiedenste Datenbanken miteinander und untersucht die Datenmengen innerhalb kürzester Zeit auf Muster und Anomalien. Über ein einfaches Eingabesystem kann nach beliebigen Informationen gesucht werden, ohne Abfragen programmieren zu müssen. So konnte Palantir beispielsweise bei der Verurteilung von Bernard L. Madoff wegen eines 65-Mrd.-Dollar-Ponzi-Systems helfen, da mittels einer Datenmenge von über 20 Terabyte das Ponzi-System des ehemaligen Börsenmaklers innerhalb kürzester Zeit rekonstruiert werden konnte (vgl. Peretti, 2017). Darüber hinaus spielte die Software eine entscheidende Rolle bei der Suche nach dem Versteck von Osama bin Laden und gab letzten Endes entscheidende Hinweise auf dessen Aufenthaltsort (vgl. Deutsche Welle, 2020). Auch die Europäische Polizeiagentur nutzt seit 2016 die Software Gotham und wertet damit Massendaten für die operative Analyse aus. Dadurch können Verbindungen zwischen Personen, Tathergängen oder Objekten errechnet und visualisiert werden. Außerdem können Kontaktlisten und Reisehistorien mit Fotos und Ortsangaben verknüpft werden, um neue Ermittlungsansätze zu generieren (vgl. Europäisches Parlament, 2020). Ebenfalls deutsche Polizeibehörden, wie die hessische Polizei, benutzen die Software Gotham zur Terrorismusbekämpfung und zur Verfolgung von organisierter Kriminalität und Straftaten (vgl. Koch & Neurer, 2020).

Das Geschäftsmodell von Palantir Technologies lässt sich bei dem Produkt Gotham auf ein Service as a Product Model zurückführen. Kennzeichnend hierfür sind günstige Startpreise und vergleichsweise hohe Kosten bei Schulungen, Wartungen, Anpassungen und Erweiterungen (vgl. Palantir, o. J.b).

Anhand der Produkte Gotham und Foundry von Palantir Technologies zeigt sich, dass der Einsatz der Digitalisierungslösungen bei der Entkriminalisierung und Bekämpfung einer globalen Pandemie hilft und somit auch in Teilen bei der Umsetzung des SDG 16 der UN unterstützt. Vor allem die voranschreitende Digitalisierung und die damit einhergehende umfangreiche Sammlung an Daten erweitert die Leistungsfähigkeit der Produkte von Palantir Technologies, die vielseitige Einsatzbereiche haben. Jedoch bleiben der Einsatz der Produkte sowie die Nutzung eines monopolistisch aufgestellten Anbieters zu diskutieren.

3.6 Mya Systems – Gleichstellung der Geschlechter im Bewerbungsprozess

Trotz der international voranschreitenden Gleichstellung der Geschlechter herrschen in großen Teilen der Welt noch Zustände, die Frauen in hohem Maße diskriminieren. So erleidet eine von fünf Frauen noch körperliche oder sexuelle Gewalt durch ihren Partner und etwa die Hälfte der verheirateten oder in einer festen Partnerschaft befindlichen Frauen gibt an, nicht frei über die Verwendung von Verhütungsmitteln und die Nutzung von Gesundheitsdiensten und somit ihren eigenen Körper bestimmen zu können (vgl. United Nations, o. J.b). In einigen Ländern gibt es sogar keine rechtliche Grundlage, auf die sich die Frauen berufen können, da es keine Gesetze gegen Diskriminierung oder zum Schutze der körperlichen Unversehrtheit gibt. Des Weiteren existieren für Frauen nicht die gleichen Chancen beim Zugang zu wirtschaftlichen Ressourcen, Technologien, Finanzen sowie Bildung wie für Männer (vgl. United Nations, 2020).

Aus diesem Grund sind die geschlechtliche Gleichstellung der Menschen und die Befähigung von Frauen und Mädchen zur Selbstbestimmung Teil des fünften Ziels der Vereinten Nationen für nachhaltige Entwicklung. Dieses SDG definiert das Ziel der Gleichstellung von Frauen und Männern, indem für Menschen unabhängig von ihrem Geschlecht die gleichen Chancen gelten sollen und dies sowohl im wirtschaftlichen Kontext als auch in Bezug auf das private Leben. So liegt der Fokus der Bestrebungen darauf, die Rechte der Frauen zu stärken und ihnen die Möglichkeit zu geben, selbstbestimmt und sicher zu leben (vgl. United Nations, o. J.b).

Die Auswirkungen der ungleichen Behandlung von Frauen und Männern lässt sich auch am deutschen Arbeitsmarkt feststellen, obwohl Deutschland bereits als weit entwickeltes Land gilt. Denn obgleich seit 2016 durch das Gesetz für die gleichberechtigte Teilhabe von Frauen und Männern an Führungspositionen in der Privatwirtschaft und im öffentlichen Dienst ein verpflichtender Frauenanteil von 30 % in Aufsichtsratsposten in börsennotierten Unternehmen verlangt wird, sind Frauen in Führungspositionen von Unternehmen weiterhin stark unterrepräsentiert.[4] So lag 2006 der Frauenanteil in den Vorständen der 100 größten deutschen Unternehmen bei nur 0,2 % (vgl. Kirsch & Wrohlich, 2021). Und obgleich dieser Wert bis 2020 auf etwa 13,7 % stieg, sind diese Zahlen noch weit von einer gleichberechtigten Verteilung entfernt. Auch mit Blick auf die gesamte deutsche Wirtschaft wird das Bild kaum besser. Frauen in Führungspositionen haben in deutschen Unternehmen lediglich einen Anteil von 28,4 % (vgl. Statista Research Department, 2021b).

Diese Darstellung der aktuellen Situation in Deutschland zeigt auf, dass auch in entwickelten Ländern eine Diskriminierung der Frau besteht und es somit zielgerichteter Lösungen bedarf, um eine Geschlechtergleichstellung zu ermöglichen. Die berufliche und finanzielle Selbstständigkeit der Frauen kann nur durch gleichberechtigte Behandlung und faire Bezahlung erreicht werden.

Gleichstellung der Geschlechter – SDG 5
Ein Ansatz zur Lösung dieser Problematik sind digitale Personalauswahlsysteme, so zum Beispiel die Software Mya von Mya Systems. Mya ist ein Chatbot-Programm,

---

[4] Vgl. § 4 Absatz 1 des Gesetzes für die gleichberechtigte Teilhabe von Frauen und Männern an Führungspositionen in der Privatwirtschaft und im öffentlichen Dienst i. d. F. v. 24. April 2015.

welches für Bewerbungsprozesse von Unternehmen eingesetzt wird. Diese Conversational Artificial Intelligence, eine auf Konversationen mit Menschen ausgerichtete künstliche Intelligenz, wurde 2012 auf den Markt gebracht und hat seitdem die durch Algorithmen gesteuerte Personalsuche weltweit mitbestimmt (vgl. Webb, 2017). Hierfür wird der Chatbot beispielsweise auf einer unternehmenseigenen Homepage integriert. Bewerbende haben über diesen Chat die Möglichkeit, ihren Lebenslauf digital zur Verfügung zu stellen und können dann auf Fragen von Mya antworten, aber auch selbst Fragen an den Chatbot stellen. Die künstliche Intelligenz hinter Mya, die sich rein auf die Qualifikationen der Bewerbenden fokussiert, ist in der Lage, auf die Fragen der Bewerbenden zu antworten und Informationen über das Unternehmen zu geben, bei welchem die Bewerbenden sich vorstellen möchten. Anhand der Konversation ist Mya zudem in der Lage, weitere geschlechtsunabhängige Qualifikationen der Bewerbenden zu erkennen und ein Profil der Personen zu erstellen. Die Profile werden mit den Anforderungen der Unternehmen abgeglichen und bei Übereinstimmungen werden von Mya Empfehlungen an die Unternehmen ausgesprochen oder direkt Telefoninterviews oder Bewerbungsgespräche vor Ort vereinbart (vgl. Lomas, 2020).

Ein Beispiel, bei dem das System in der Praxis genutzt wird, ist der Einsatz von Mya bei Personalvermittlern wie der Adecco Group, welche im Jahr 2017 eine dreijährige weltweite Partnerschaft mit Mya Systems einging (vgl. Gratwohl, 2017) Durch die unternehmensübergreifende Berufsvermittlung konnten Nutzende über deren Internetseite direkt kontaktiert und an passende Unternehmen vermittelt werden. Auch hier wurde anhand der zur Verfügung gestellten Informationen ein Profil der Interessierten erstellt und dahingehend spezifiziert, dass optimale Vakanzen für sie gefunden wurden. Hierfür wurden die Interessen und Qualifikationen mit allen ausgeschriebenen und verbundenen Stellen abgeglichen und bei Übereinstimmungen entsprechend Termine vereinbart. In jedem Fall erhielten die Bewerbenden direkt Rückmeldung über ihre fachliche Qualifikation und daraus resultierende Möglichkeiten, Vakanzen wahrzunehmen. Dies funktioniert basierend auf einem Algorithmus, der Faktoren wie das Geschlecht der Bewerbenden nicht betrachtet.

Die künstliche Intelligenz von Mya wurde inzwischen von über 460 Unternehmen verwendet, darunter 29 Unternehmen aus den Fortune 100, den 100 umsatzstärksten Unternehmen der Vereinigten Staaten von Amerika (vgl. Lomas, 2020). Bis 2020 wurden über 400.000 Vorstellungsgespräche mittels des Chatbots vermittelt. Im Mai 2021 wurde Mya Systems von der Stepstone Gruppe, einer Tochter der Axel Springer SE, gekauft und soll auf diesem Weg Millionen Jobsuchende erreichen (vgl. Keller, 2021).

Automatisierte Bewerbungsprozesse, wie beispielsweise unter Anwendung des Chatbots Mya, können ein Mittel für einen gerechten Zugang zum Arbeitsmarkt weltweit sein. Die auf Algorithmen basierenden Systeme konzentrieren sich auf die fachlichen Qualifikationen der Bewerbenden und lassen diskriminierende Faktoren wie Alter, Geschlecht oder Ethnie außen vor. Dies erzeugt eine Sachlichkeit im Bewerbungsprozess und führt zu einer gleichberechtigten Behandlung im ersten Teilabschnitt der Bewerbungen. Auf diese Weise kann die Personalsuche stellenorientierter und vor allem gerechter durchgeführt werden. Diese erhöhte Gerechtigkeit im Umgang mit Bewerbenden kann zur Teilerreichung des SDG 5 beitragen und die Diskriminierung bei der Auswahl einer geeigneten Stellenbesetzung reduzieren. Ebenso würde es nicht nur einen großen Schritt zur Gleichberechtigung von Geschlechtern in Auswahlprozessen machen, sondern auch die Gleichberechtigung verschiedener Altersgruppen und Ethnien unterstützen.

Bewertung der Praxisbeispiele 4

4.1 Trade-off von Digitalisierungslösungen

Um die Ziele der SDGs bis 2030 zu erreichen, bedarf es Lösungen für ökologische, soziale und ökonomische Probleme. Mit Digitalisierungslösungen können Unternehmen die Erreichung der 17 SDGs vorantreiben. Trotzdem dürfen bei der Bewertung von nachhaltigen Geschäftsmodellen indirekte negative Auswirkungen nicht außer Acht gelassen werden, die als Rebound oder Trade-off bezeichnet werden. Rebound-Effekte oder Trade-offs können in privaten Haushalten sowie auf Unternehmensebene auftreten. Ein Trade-off ist ein ökonomischer, ökologischer oder sozialer Zielkonflikt. Dieser beinhaltet das Abwägen von zwei oder drei Aspekten, wenn eine Problemlösung eine Verschlechterung in einem der anderen Bereich nach sich zieht. Dabei können Zeithorizonte weit gefasst sein und dadurch sind die Wirkzusammenhänge schwer zu erkennen. Im Folgenden werden mögliche Trade-off- und Rebound-Effekte der in Kap. 3 vorgestellten Praxisbeispiele aufgezeigt.

4.2 Eidu

Bei Eidu sollen durch das Angebot von digitalen Lerneinheiten Bildungsmissstände verringert werden. Um den Zugang zu den Lerneinheiten zu ermöglichen, ist es notwendig, dass teilnehmende Schüler und Lehrkräfte ein Smartphone oder Tablet besitzen. Bei der Ausstattung der Schüler mit Endgeräten und der Bereitstellung der Plattformlösung können zwei negative Trade-off-Effekte beobachtet werden. Zum einen entstehen durch die Herstellung, Nutzung und

M. H. Dahm, *Digitale Lösungen für eine nachhaltige Zukunft*, essentials, https://doi.org/10.1007/978-3-658-44589-8_4

Entsorgung von mobilen Endgeräten CO_2-Emissionen. Je nach Größe und Herstellung des verwendeten Gerätes werden während dessen gesamten Lebenszyklus
CO_2-Emissionen an die Umwelt abgegeben. Häufig entsteht durch den Abbau
von Rohstoffen zur Herstellung von Smartphones erheblicher Schaden für die
Umwelt. Zudem findet der Abbau oft mithilfe von Kinder- oder Zwangsarbeit
statt. Dies wirkt sich negativ auf die SDGs, menschenwürdige Arbeit und Leben
auf dem Land, aus. Zum anderen werden bei der Bereitstellung und Betreibung
von Servern sowie der Nutzung von Internetanschlüssen erhebliche Mengen an
Energie benötigt und damit CO_2-Emissionen produziert. Eine Studie aus 2019 ist
zu dem Ergebnis gekommen, dass bis zu 3,7 % der weltweiten CO_2-Emissionen
auf die Internetnutzung zurückzuführen sind (vgl. The Shift Project, 2019b,
S. 17 f.). Die genannten Aspekte sollten daher bei der abschließenden Bewertung
des Geschäftsmodells berücksichtigt werden.

4.3   Too Good To Go

In Folge der Abnahme der Überschüsse durch Kunden von Too Good To Go
haben die Betriebe weniger Anreize, die Überproduktion von Lebensmitteln zu
verringern, da auch diese nun zu Umsatz für das Unternehmen führen. In Lebens-
mittelverarbeitungsbetrieben, wie beispielsweise Bäckereien, werden Überschüsse
produziert, um flexibel und somit konkurrenzfähig zu sein. Auf der Ebene des
Handels ist das Mindesthaltbarkeitsdatum ein wichtiger Faktor. Waren mit zu
kurzer Haltbarkeit werden aussortiert. Die Umsatzziele der Händler sowie hohe
Ansprüche der Konsumenten an große Vielfalt oder volle Regale tragen zur
Überproduktion bei. Hieraus resultiert, dass der Einzelhandel mehr Produkte
bestellt, als er tatsächlich verkaufen kann. Ein Wirtschaftsbetrieb ist grundsätzlich
bestrebt, unprofitable Überschüsse und Überstände zu vermeiden, da diese seinen
letztendlichen Gewinn reduzieren. Nutzern wird jedoch ein positives Kauferleb-
nis durch die Rettung von vermeidbar überproduzierten Lebensmitteln vermittelt,
ohne dass der letztendliche Ursprung der Überproduktion durch Too Good To
Go oder den Nutzer der Applösung verändert wurde. Das durch Too Good To
Go nicht gelöste Problem des nachhaltigen Konsums wirkt sich darüber hinaus
negativ auf das zwölfte SDG – nachhaltige/r Konsum und Produktion – aus, da
die Kunden eher dazu verleitet werden noch mehr zu konsumieren, indem Too
Good To Go große Mengen zu einem verbilligten Preis anbietet.

4.4   Tomorrow Bank

Dem Kunden wird je nach der Höhe seiner Ausgaben, welche er in Verbindung mit seinem Konto getätigt hat, eine Fläche an geschütztem Regenwald berechnet und präsentiert.

Durch diese Fläche wird dem Nutzer suggeriert, dass er durch seinen Konsum einen positiven Beitrag für das Klima leistet. In dieser Berechnung wird jedoch nicht der CO_2-Ausstoß berücksichtigt und eingerechnet, der mit der Produktion und dem Konsum der gekauften Güter einhergeht. Dies widerspricht der Definition eines nachhaltigen Konsumenten, der die Aspekte der Umwelt und soziale Aspekte beim Kauf und bei der Nutzung von Produkten und Dienstleistungen berücksichtigt und sein Nutzungs- und Entsorgungsverhalten von Ressourcen entsprechend anpasst. Zudem könnte es den Kunden der Tomorrow Bank durch die positive Darstellung seines Konsums dazu motivieren, noch mehr zu konsumieren, anstatt den Konsum auf das Nötigste zu reduzieren. Das zwölfte Ziel der SDGs – nachhaltige/r Konsum und Produktion – wird durch zusätzlich geförderten Konsum negativ beeinflusst.

4.5   Be Healthy, Be Mobile BMBH

Die eHealth-Applikationen setzen einen Zugang zu mobilen Endgeräten mit einem permanenten Internetzugang voraus. Dadurch werden insbesondere Menschen in abgelegenen Regionen ohne Stromversorgung oder Internetzugang ausgeschlossen, die wiederum dringend Zugang zu diesen Services benötigen. Da die medizinische Versorgung besonders in diesen Gegenden schwierig ist, sollten die Applikationen jedoch genau diese Menschen erreichen. Somit ist festzustellen, dass genau jene Zielgruppe, die im Fokus der Applikationen liegt, sich mit den größten Limitationen der Applikationen konfrontiert sieht. Hingegen ist es Menschen in urbanen Regionen mit besserer technologischer Infrastruktur und medizinischer Versorgung viel leichter möglich, diese Services zu nutzen. Ebenfalls als Teil der eigentlichen Zielgruppe sind alte und kranke Menschen oftmals kaum in der Lage, die notwendigen Geräte zu bedienen, da ihnen einerseits die Kenntnis über die Anwendung fehlt und andererseits körperliche oder geistige Gebrechen die Nutzung der Applikationen für sie unmöglich machen. Zur Nutzung einer Applikation bedarf es zudem auch der Kenntnis, dass diese überhaupt existiert. Hierzu wird wiederum eine Werbekampagne benötigt, die die Vorzüge der Nutzung klarstellt und den Zugang zum Service erklärt. Dies ist wiederum in ländlichen Regionen kaum möglich oder sogar nicht durchzuführen. Dies lässt sich auch an der Anzahl der Nutzenden der Applikation mRamadan im Senegal erkennen. Die 180.000 Nutzenden machten im Jahr 2018 etwa ein Prozent der 15,85 Mio. Einwohner aus (vgl. Statista Research Department, 2021a). Der relative Erreichungsgrad der Applikation ist also sehr gering. Auch der Erfolg der Applikationen wie beispielsweise mTobaccoCessation ist kritisch zu betrachten. So werden zumeist Rezensionen geschrieben und es wird Rückmeldung gegeben, wenn positive Erfahrungen mit einem Produkt gemacht wurden, sodass die Erfolgsquote keinen Rückschluss auf tatsächliche Ergebnisse ermöglicht.

Darüber hinaus entsteht durch die Implementierung der Applikationen ein hoher Aufwand für die Regierungen, denn diese müssen vor Publikation der Applikationen das Handbuch von BHBM anwenden und die Services in die Landessprachen übersetzen. Aufgrund dieser hohen fixen und variablen Aufwände sind vermutlich viele Regierungen noch nicht bereit, diese Applikationen in ihrem Land einzuführen. Darüber hinaus fehlt es an Vertrauen der Nutzenden, da die Logos der WHO in den Applikationen nicht verwendet werden dürfen.

Für die eHealth-Applikationen ist somit zusammenfassend festzustellen, dass sie ihre Fokusgruppe aufgrund der hohen Implementierungsaufwände zu selten erreichen, um einen entscheidenden Einfluss auf die Gesundheit der Menschen nehmen zu können.

4.6   Foundry und Gotham

Auch die Digitalisierungslösungen von Palantir Technologies unterliegen diversen Limitationen, welche die positiven Auswirkungen, die das Unternehmen als Beitrag für das SDG 16 leisten könnte, mindern. Zwar können die Produkte Bedrohungsszenarien reduzieren, jedoch ist die Erkennung von Mustern in der Datenanalyse nur durch Zugriff auf große Datenmengen möglich, die nicht in jedem Fall vorliegen. Bei dem Einsatz der Programme ist außerdem nicht immer sichergestellt, welche Instanz die Datenhoheit besitzt, was die Verwendung der Daten erschwert.

Die Lösung Foundry half in der vorangegangenen Pandemie einer Vielzahl an Ländern, die Ausbreitung des Virus durch Vorhersagen zu bekämpfen. In den USA wurden dabei Corona-Daten ohne die Einbindung der offiziellen Gesundheitsbehörde CDC direkt an Palantir Technologies geschickt. Innerhalb von Sekunden konnten so Millionen von Krankenhaus- und Bewegungsdaten ausgewertet werden. Dabei kamen Meldungen aus der Presse, die dem Unternehmen eine Doppelmoral unterstellt. Zum einen half Palantir Technologies, indem es die Software während der Pandemie verschenkte, zum anderen machte sich die Firma aus dem Silicon Valley eben diese Pandemie zunutze, um das eigene Geschäftsmodell profitabel und gesellschaftsfähig zu machen. Generell verarbeitet der Konzern wichtige und sensible Daten. Neben den Informationen aus Krankenhäusern werden Daten aus Kanzleien, Gerichten und Behörden eingespeist und mit Bewegungsdaten, Kontobewegungen oder Posts von Social-Media-Plattformen verknüpft. Dadurch besitzt Palantir Technologies eine deutliche Datenmacht.

Darüber hinaus bedürfen die Produkte einer kostenintensiven Pflege und erfordern einen hohen Aufwand. Taucht bei dem Kunden in der Nutzung des Produkts ein Fehler auf, so schickt das Unternehmen ein großes Team an Programmierenden zum Kunden, welche am System arbeiten und versuchen, die Software neu zu justieren. Diese kostenintensiven Dienste wollen sich nicht mehr alle Kunden leisten, weswegen viele Unternehmen wie Coca-Cola oder American Express mittlerweile die Zusammenarbeit eingestellt haben.

In dem bei der US-amerikanischen Börsenaufsicht eingereichten Jahresbericht von Palantir Technologies positioniert sich das Unternehmen politisch und verdeutlicht, dass keine Zusammenarbeit mit China oder anderen Instanzen erfolgt, sofern diese nicht mit der politischen Weltanschauung der west-liberalistischen Demokratie übereinstimmen. Vor allem zeigt sich aber das politische Engagement der Firma darin, dass der Mitgründer von Palantir Technologies, Peter Thiel, 2016 rund 1,25 Mio. US\$ in die Trump-Kampagne investierte. Ferner wird dem Unternehmen auf Grundlage des Informanten Christopher Wylie, dessen Enthüllungen einen Datenskandal auslösten, vorgeworfen, dass es Cambridge Analytica bei der Entwicklung von Algorithmen geholfen habe. Im Skandal wurden von mehr als 87 Mio. Facebook-Nutzern detaillierte Persönlichkeitsprofile erstellt, um Wählende mit zielgerichteten Botschaften zu manipulieren. Darüber hinaus wurden während der Amtszeit Trumps Verträge in Millionenhöhe mit der Regierung abgeschlossen. Das besagte politische Engagement des Unternehmens ist kritisch zu betrachten.

Zusammenfassend zeigen die genannten Beispiele, wie viel Einfluss ein Unternehmen durch eine Datenhoheit erlangen kann und welche Risiken dies birgt, da eine solche Datenmacht nicht ausschließlich für ein positiven Zweck genutzt, sondern auch missbraucht werden kann. Hier zeigt sich, dass Palantir Technologies mit seinen Produkten zwar einen positiven Effekt auf die Erreichung des SDG 16 erzielt, dies aber größtenteils als Nebeneffekt auftritt, da bei dem Unternehmen der eigene Umsatzgewinn im Vordergrund steht.

4.7   Chatbot Mya

Der positive Einfluss, den digitale Bewerbungsverfahren auf die gleichberechtigte Behandlung am Arbeitsmarkt haben, erfährt ebenfalls eine Bandbreite von Limitationen, die ihre Wirkung zugunsten der SDGs zweifelhaft wirken lassen. So müssen interessierte Unternehmen die technischen Voraussetzungen haben, diese Services nutzen zu können. Dies ist in urbanen Regionen und für große Unternehmen kein Hindernis, jedoch limitiert es die Zahl der Anwendenden. Ebenso bedarf es einer technischen Grundausstattung der Bewerbenden, was für einige Menschen eine Hürde darstellen kann. Diese technische Benachteiligung von Menschen und Unternehmen führt dazu, dass qualifiziertes Personal zunehmend von technologisierten Betrieben angestellt wird und die übrigen Teilnehmer am Arbeitsmarkt kaum Zugang erhalten. Ein weiterer Aspekt, welcher zu betrachten ist, sind die Algorithmen, auf denen die Bewerbungsprozesse basieren, da auf ihnen somit auch das ethische Verhalten der künstlichen Intelligenz basiert. Umso wichtiger ist es, dass sichergestellt ist, dass diese Algorithmen keine strukturelle Diskriminierung fördern. Ein auf diskriminierenden Mustern basierendes System kann keine gleichberechtigte Behandlung der Nutzenden gewährleisten.

Am Beispiel des Chatbots Mya lässt sich ein weiteres Problem des digitalen Bewerbungsprozesses erkennen. So werden Bewerbende auf Basis ihrer fachlichen Qualifikationen zu telefonischen Interviews und Vorstellungsgesprächen eingeladen. Dies ist jedoch lediglich der erste Schritt in einem Bewerbungsverfahren. Auch wenn die gleichberechtigte Behandlung in diesem ersten Prozessschritt einen Fortschritt darstellt, bleibt der diskriminierende Faktor Mensch in den weiteren Schritten die ausschlaggebende Variable. So wird im zweiten Prozessschritt ein persönliches Kennenlernen angestrebt, bei welchem die Bewerbenden ihr Geschlecht, ihr Alter und andere Faktoren nicht verheimlichen können. Somit bleibt es bei den nach Personal suchenden Unternehmen selbst, ihre Vakanzen gleichberechtigt zu besetzen. Darüber hinaus besteht Gleichberechtigung auf dem Arbeitsmarkt nicht nur aus dem gleichberechtigten Zugang zu Positionen, sondern auch aus einer gleichberechtigten Bezahlung. Frauen verdienen häufig weniger als ein männliches Äquivalent, was an verschiedenen Zahlen zu sehen ist. In Deutschland beträgt das bereinigte Gender Pay Gap 6 %. Ähnliche strukturelle Probleme sind auch international erkennbar. So liegt der Anteil weiblicher Führungskräfte in islamischen Staaten noch teils deutlich unter 20 % und auch bei der Gehaltsverteilung sind Frauen international erheblich schlechter gestellt. So verdienten Frauen in Südkorea im Jahr 2016 noch 33,6 % weniger als Männer und in Japan waren es 2020 noch 25,7 % weniger. Dieses Problem wird durch digitale

Bewerbungsprozesse nicht berührt, obwohl diese Themen sehr eng miteinander verbunden sind.

Die Verwendung digitaler Bewerbungsprozesse hat somit nur einen geringen Einfluss auf die gleichberechtigte Behandlung der Menschen am Arbeitsmarkt und dieser kann als noch geringer eingeschätzt werden, da die gleichberechtigte Bezahlung kein Teil des Lösungsansatzes ist. Außerdem ist der Anteil des diskriminierenden Faktors Mensch noch zu groß, indem die Algorithmen durch Menschen geschrieben werden und diese Algorithmen nur den ersten Schritt im Bewerbungsprozess ausmachen.

4.8 Purpose und Greenwashing

Betrachtet wir nur mal die Unternehmen Eidu, Too Good To Go, Tomorrow Bank, Palentir und Mya Systems, dann lässt sich folgende Gemeinsamkeit feststellen: Die Förderung der jeweiligen SDGs ist gezielt Teil der Geschäftsstrategie. Die Geschäftsmodelle schaffen einen gesellschaftlichen Mehrwert oder eine Lösung für ein gesellschaftliches Problem. Trotz Gewinnerzielungsabsicht ist die Unterstützung der SDGs kein zufälliger Nebeneffekt der Digitalisierungslösung. Die fünf Unternehmen folgen einem Purpose-basierten Unternehmensaufbau, sie wurden zur Schaffung eines gesellschaftlichen Mehrwerts gegründet. Durch den Megatrend Nachhaltigkeit und die zunehmende Nachfrage nach nachhaltigen Geschäftsmodellen kann durch einen aktiv kommunizierten Purpose ein Wettbewerbsvorteil gegenüber Mitbewerbern erzielt werden. Zudem gewinnt ein aktiv kommunizierter Purpose zunehmend auch bei Stakeholdern an Bedeutung. Der positive Einfluss eines kommunizierten Purpose birgt jedoch die Gefahr, dass Unternehmen dies ausnutzen, um Profit zu generieren, ohne durch ihre Aktivitäten einen aktiven Beitrag zur Lösung von gesellschaftlichen Problemen im Kontext von Ökologie, Sozialem und Ökonomie zu leisten. Ein solches Vorgehen wird als Greenwashing oder Purposewashing bezeichnet. Um als Stakeholder erkennen zu können, ob ein Geschäftsmodell aktiv der Förderung der SDGs dient oder ob es sich hierbei um Greenwashing oder Purposewashing handelt, sind Transparenz und eine kritische Analyse erforderlich. Häufig lassen sich komplexe Geschäftsmodelle durch fehlende Transparenz nicht vollständig beleuchten und analysieren. Insbesondere bei Unternehmen, die verschiedene Geschäftsmodelle vereinen, ist eine abschließende Beurteilung, ob Digitalisierungslösungen der Förderung der SDGs dienen, schwer zu treffen. So können innovative Digitalisierungslösungen beispielsweise positive Effekte auf die Erreichung eines SDGs haben, gleichzeitig jedoch andere Geschäftsbereiche aufgrund von fehlender Innovation oder

Anpassung die Förderung von SDGs hemmen. Aufgrund dieser Problematik wurden bereits erste Angebote entwickelt, die eine Zertifizierung von nachhaltigen Unternehmen anbieten, um Stakeholdern eine Validierung von nachhaltigen Unternehmen zu liefern. Ein Beispiel für eine Zertifizierung ist B-Corporation, die Unternehmen auszeichnet, welche sich gesamtheitlich zu einem gesellschaftlichen Mehrwert und ökologischer Nachhaltigkeit verpflichten (vgl. B-Corporation, o. J.).

4.9   Zusammenfassende Bewertung

Basierend auf den bisherigen Betrachtungen und Anwendungsbeispielen aus der Praxis bietet die Digitalisierung eine große Auswahl an Lösungen, die bei der Erreichung der SDGs erfolgreich eingesetzt werden könnten, was bereits in Studien mit sehr hohen Korrelationswerten belegt werden konnte.

Dies spiegelt sich ebenfalls in den dargestellten Anwendungsbeispielen aus der Praxis wider. Andererseits stellen Digitalisierungsprozesse auch große Herausforderungen z. B. hinsichtlich der Manipulierung von Fakten und Informationen, der informationellen Selbstbestimmung bzw. des rechtssicheren Umgangs mit Daten und Medien dar. Die Voraussetzung für die Anwendung von Digitalisierungslösungen sind Geräte der Informations- und Unterhaltungstechnik, deren

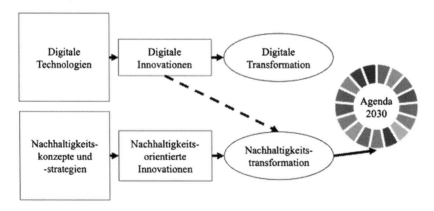

Abb. 4.1 Wirkungsmechanismen Digitalisierung und Nachhaltigkeit. (Quelle: In Anlehnung an Spraul Friedrich, 2019, S. 30)

Rohstoffgewinnung, Verarbeitung bis hin zur Entsorgung und Wiederverwertung überwiegend in Entwicklungsländern wie z. B. Ghana abgewickelt werden, was eine der großen Schattenseiten der Digitalisierung darstellt. Die dort herrschenden Arbeitsbedingungen, Korruption, Umweltverschmutzung, Stellung der lgbtq+-Menschen in Afrika sind wenige der vielen Aspekte, die bereits bei der Produktion eines Smartphones zu hohen Kosten für Mensch und Umwelt führen und damit zur Verschlechterung der Indikatoren der SDGs.

Entscheidend auf dem Weg zur Erreichung der Agenda 2030 ist das Zusammenspiel aus digitalen Innovationen und Nachhaltigkeitskonzepten auf politischer und unternehmerischer Ebene, um deren Potenzial dahingehend zu nutzen. Die Darstellung in Abb. 4.1 fasst die Erkenntnisse aus der Betrachtung vor dem Hintergrund der Fragestellung nochmal zusammen.

Fazit und ein Blick in die Zukunft 5

Anhand der Unternehmensbeispiele wird deutlich, dass Digitalisierungslösungen einen positiven Beitrag zur Förderung der SDGs liefern und gleichzeitig von Stakeholdern als attraktive Alternative zu bestehenden, branchenähnlichen Geschäftsmodellen gesehen werden. Dass die Integration von nachhaltigen Zielen im Geschäftsmodell einen ökonomischen Erfolg erzielen kann, belegen die Anwendungsbeispiele durch ihre erfolgreiche Positionierung im Markt. Alle Unternehmen fördern mit ihrer Digitalisierungslösung die 17 SDGs der Vereinten Nationen, die strategisch mit ihren Geschäftsfeldern in Verbindung stehen. Die Förderung von nachhaltigen Zielen wird nicht altruistisch betrieben, sondern strategische Ziele des Unternehmens sind gleichwohl auf die Erreichung von ökologischen, sozialen und ökonomischen Faktoren ausgerichtet. Die Anwendungsbeispiele zeigen, dass digitale Lösungen für Kunden leicht zugängliche Produkte bieten, um nachhaltige Lösungen zu unterstützen. Hierdurch wird dem Kunden ein Mehrwert geliefert, ohne sein Verhalten ändern zu müssen. Indem Digitalisierungslösungen einen Purpose verfolgen, können Unternehmen die Erreichung der 17 SDGs und wirtschaftlichen Erfolg in Einklang bringen und Nutzern den Zugang zu nachhaltigen Produkten und Dienstleistungen ermöglichen.

Digitale Lösungsansätze bieten also die Möglichkeit, die Welt nachhaltiger zu gestalten. Durch ihre vielfältigen Einsatzmöglichkeiten sind positive Auswirkungen von Digitallösungen auf alle 17 SDGs möglich. Die angeführten Beispiele zeigen einen Ausschnitt dieser Wirkungsbandbreite. Alle Beispiele verdeutlichen, dass durch Digitalisierungslösungen ein Beitrag zur Erreichung der Nachhaltigkeitsziele möglich ist. Dennoch unterliegen alle Lösungen zahlreichen

M. H. Dahm, *Digitale Lösungen für eine nachhaltige Zukunft*, essentials, https://doi.org/10.1007/978-3-658-44589-8_5

Limitationen, die eine umfängliche Verwendung erschweren. Hierunter fallen sei-
tens der Nutzenden die unzureichende Kenntnis über Existenz und Zweck der
Lösungen sowie die technischen Voraussetzungen für deren Anwendung. Sei-
tens der Unternehmen und Regierungen, welche die Lösungen zur Verfügung
stellen, sind die zu erwartenden Aufwände für Implementierung, Betrieb, Bewirt-
schaftung und Pflege der limitierende Faktor. Darüber hinaus muss stets bewertet
werden, welche Absichten die Unternehmen mit ihren Lösungen verfolgen.

Abschließend lässt sich festhalten, dass es unvermeidbar ist, sich mit den
kurz- bis langfristigen Folgen der Digitalisierung auseinanderzusetzen. Jedoch ist
die Vernetzung von Digitalisierungslösungen und Nachhaltigkeitskonzepten auf
politischer und unternehmerischer Ebene entscheidend für die Erreichung der 17
SDGs.

Ein Blick in die Zukunft

Um die 17 SDGs innerhalb des gesteckten Zeitrahmens zu erreichen, sind auch
zukünftig innovative Lösungen erforderlich. Aber auch in Hinblick auf die zunehmende Dynamik am Markt, beispielsweise geprägt durch Pandemien und Krieg in
Europa und Nahost, können Unternehmen mit innovativen, nachhaltigen Digitalisierungslösungen Wettbewerbsvorteile generieren. Unternehmen, die bisher nicht
auf eine nachhaltige Entwicklung gesetzt haben, verpassen nicht nur die Chance,
dies als Wettbewerbsvorteil zu nutzen, sondern sie vergrößern das Risiko, den
Wandel zukünftig zu verpassen. Entscheidend ist, in diesem Zusammenhang zu
beobachten, welche neuen Gesetze und Sanktionen von der aktuell regieren-
den Ampel-Koalition eingeführt werden, um den Klimaschutz durch politische
Maßnahmen voranzutreiben.

Um den Einsatz von klimaneutralen und umweltfreundlichen technologischen
Innovationen für die Zukunft zu gewährleisten, werden vor allem die Identifikation
von Zusammenhängen und Wechselbeziehungen sowie die Bewertung von Möglichkeiten und Herausforderungen erforderlich sein. Ebenso essenziell ist, dass sich
in der breiten Öffentlichkeit verstärkt ein Bewusstsein bildet. Denn schlussend-
lich wird die zukunftsfähige Gestaltung von Digitalisierung und technologischem
Wandel zum einen in der Verantwortung von Entscheidungsträgern aus Wirtschaft,
Politik, Wissenschaft und Gesellschaft, zum anderen aber auch in der von einzelnen
Personen und ihrem digitalen Konsumverhalten liegen.

Handlungsempfehlungen für Unternehmen

- **Ganzheitliche Nachhaltigkeitsstrategie entwickeln:** Unternehmen sollten eine ganzheitliche Nachhaltigkeitsstrategie entwickeln, die nicht nur kurzfristige Gewinnziele berücksichtigt, sondern auch langfristige Umwelt- und soziale Auswirkungen einbezieht. Dies ermöglicht es, potenzielle Trade-offs zwischen ökonomischen, ökologischen und sozialen Zielen frühzeitig zu erkennen und zu minimieren. Beispiel: Ein Lebensmittelhersteller entwickelt eine Nachhaltigkeitsstrategie, die nicht nur auf die Reduzierung von Verpackungsmaterialien abzielt, sondern auch soziale Aspekte wie faire Arbeitsbedingungen entlang der Lieferkette berücksichtigt.
- **Interdisziplinäre Teams und Stakeholder einbeziehen:** Unternehmen sollten interdisziplinäre Teams bilden und Stakeholder aus verschiedenen Bereichen einbeziehen, um eine umfassende Bewertung von Entscheidungen und Maßnahmen zu gewährleisten. Durch den Einbezug verschiedener Perspektiven können potenzielle Trade-offs identifiziert und alternative Lösungen entwickelt werden, die die Bedürfnisse aller Beteiligten berücksichtigen. Beispiel: Ein Automobilhersteller bildet ein interdisziplinäres Team aus Ingenieuren, Umweltexperten und Vertretern der Zulieferer, um die Umweltauswirkungen neuer Fahrzeugmodelle ganzheitlich zu bewerten und alternative Materialien sowie Produktionsverfahren zu prüfen.
- **Transparenz und Kommunikation:** Unternehmen sollten transparent über ihre Nachhaltigkeitsbemühungen kommunizieren und offen über potenzielle Herausforderungen und Schwierigkeiten sprechen. Eine offene Kommunikation trägt dazu bei, Vertrauen aufzubauen und ermöglicht es Stakeholdern, aktiv am Dialog teilzunehmen und gemeinsam Lösungen zu entwickeln.

M. H. Dahm, *Digitale Lösungen für eine nachhaltige Zukunft*, essentials, https://doi.org/10.1007/978-3-658-44589-8_6

Beispiel: Ein Technologieunternehmen veröffentlicht regelmäßig einen Nach-haltigkeitsbericht, der detaillierte Informationen über Umweltauswirkungen, soziale Initiativen und Fortschritte bei der Erreichung von Nachhaltigkeitszielen bereitstellt. Dies fördert Transparenz und Vertrauen bei den Stakeholdern.

- **Monitoring und Evaluierung von Auswirkungen:** Unternehmen sollten ein robustes Monitoring- und Evaluierungssystem implementieren, um die Aus-wirkungen ihrer Geschäftsaktivitäten kontinuierlich zu überwachen und zu bewerten. Durch die systematische Erfassung von Daten können potenzi-elle Rebound-Effekte identifiziert und rechtzeitig gegengesteuert werden, um unerwünschte Nebeneffekte zu vermeiden.

  Beispiel: Ein Energieunternehmen implementiert ein umfassendes Monitoring-System, um den Energieverbrauch und die CO_2-Emissionen seiner Anlagen kontinuierlich zu überwachen. Auf Grundlage der gesammelten Daten wer-den Effizienzmaßnahmen eingeführt, um unerwünschte Umweltauswirkungen zu minimieren.

- **Innovative Technologien und Prozesse nutzen:** Unternehmen sollten innova-tive Technologien und Prozesse nutzen, um Ressourceneffizienz und Nachhal-tigkeit zu verbessern, ohne dabei auf Kosten anderer Umwelt- oder Sozialziele zu gehen. Durch den Einsatz von Technologien wie IoT, künstliche Intelli-genz oder Blockchain können Unternehmen ihre Betriebsabläufe optimieren und gleichzeitig Umweltbelastungen reduzieren.

  Beispiel: Ein Einzelhändler nutzt fortschrittliche Data-Analytics-Technologien, um die Lagerbestände zu optimieren und damit sowohl die Lieferketten-Effizienz zu steigern als auch Lebensmittelabfälle zu reduzieren.

- **Langfristige Partnerschaften aufbauen:** Unternehmen sollten langfristige Partnerschaften mit Lieferanten, Kunden und anderen Stakeholdern, wie z. B. NGOs und Regierungen, aufbauen, um gemeinsam an nachhaltigen Lösungen zu arbeiten und potenzielle Trade-offs zu minimieren. Durch eine enge Zusam-menarbeit können Unternehmen Synergien nutzen und positive Wirkungen über die gesamte Wertschöpfungskette hinweg erzielen. Beispiel: Ein Bekleidungsun-ternehmen etabliert langfristige Partnerschaften mit Baumwollproduzenten und Textilherstellern, um die Rückverfolgbarkeit von Baumwolle sicherzustellen und soziale Standards entlang der Lieferkette zu fördern.

- **Innovation fördern:** Eine Innovationskultur, die Mitarbeiter dazu ermutigt, neue Ideen für nachhaltige Produkte, Dienstleistungen und Prozesse einzubringen, ist entscheidend. Unternehmen sollten Ressourcen für Forschung und Entwicklung bereitstellen. Beispiel: Ein Technologieunternehmen könnte interne Wettbe-werbe für nachhaltige Innovationen veranstalten und Mitarbeiter finanziell belohnen, die innovative Lösungen vorschlagen.

- **Ressourceneffizienz steigern:** Unternehmen sollten Strategien entwickeln, um die effiziente Nutzung von Ressourcen zu fördern, angefangen bei Energie bis hin zu Materialien. Dies kann die Implementierung von effizienteren Produktionsprozessen und den Einsatz erneuerbarer Energien umfassen.
  Beispiel: Ein Produktionsunternehmen könnte Prozessoptimierungen einführen, um den Wasserverbrauch zu reduzieren und verstärkt recycelbare Materialien zu verwenden.
- **Mitarbeiterbeteiligung stärken:** Mitarbeiter sollten aktiv in Nachhaltigkeitsinitiativen eingebunden werden. Unternehmen könnten Schulungen und Workshops anbieten, um das Bewusstsein für nachhaltige Praktiken zu schärfen und ein gemeinsames Verständnis für die Unternehmenswerte zu schaffen.
  Beispiel: Ein Finanzdienstleistungsunternehmen könnte Mitarbeiter dazu ermutigen, sich in Umweltschutzprojekten vor Ort zu engagieren und sozialverträgliche Investitionen zu fördern.
- **Kreislaufwirtschaft fördern:** Unternehmen können durch die Förderung von Kreislaufwirtschaft und Recycling dazu beitragen, den Lebenszyklus ihrer Produkte zu verlängern und Abfall zu reduzieren. Dies kann die Entwicklung von wiederverwendbaren Produkten und die Implementierung von Recyclingprogrammen umfassen.
  Beispiel: Ein Elektronikhersteller könnte ein Rücknahmeprogramm für veraltete Geräte einführen und die Komponenten für die Herstellung neuer Produkte recyceln.
- **Langfristige Perspektive einnehmen:** Nachhaltigkeit sollte nicht als kurzfristiges Trendthema betrachtet werden. Unternehmen sollten eine langfristige Perspektive einnehmen und kontinuierlich an der Verbesserung ihrer Nachhaltigkeitspraktiken arbeiten. Die Integration von Nachhaltigkeitszielen in die langfristige Unternehmensstrategie ist entscheidend.
  Beispiel: Ein Energieversorgungsunternehmen könnte langfristige Investitionen in erneuerbare Energien tätigen und sich auf eine zukünftige Energieversorgung ohne fossile Brennstoffe ausrichten.

Handlungsempfehlungen für Regierungen und internationale Organisationen

- **Entwicklung und Umsetzung von umfassenden Umweltgesetzen:** Regierungen sollten umfassende Umweltgesetze entwickeln und implementieren, die klare Standards für Umweltschutz, Ressourcennutzung und Emissionskontrolle setzen.

Beispiel: Die norwegische Regierung hat strenge Umweltgesetze eingeführt, die die Emissionen von Industrieunternehmen begrenzen und Anreize für erneuerbare Energien schaffen, um den CO_2-Ausstoß zu reduzieren.

- **Förderung erneuerbarer Energien durch politische Anreize:** Internationale Organisationen sollten Programme unterstützen, die den Einsatz erneuerbarer Energien fördern, und Länder ermutigen, politische Anreize für erneuerbare Energiequellen zu schaffen.

Beispiel: Das deutsche Erneuerbare-Energien-Gesetz (EEG) hat dazu beigetragen, dass erneuerbare Energien einen signifikanten Anteil an der Energieversorgung des Landes haben, indem es Einspeisevergütungen für erneuerbare Energiequellen eingeführt hat.

- **Förderung nachhaltiger Landwirtschaft und Lebensmittelproduktion:** Regierungen sollten Anreize für nachhaltige Landwirtschaft schaffen, um die Umweltauswirkungen der Lebensmittelproduktion zu reduzieren und den Schutz von Böden und Wasserressourcen zu gewährleisten.

Beispiel: Die niederländische Regierung unterstützt Landwirte finanziell dabei, auf nachhaltige Praktiken umzusteigen, indem sie Anreize für ökologische Landwirtschaft und den Einsatz umweltfreundlicher Technologien bietet.

- **Investitionen in umweltfreundliche Infrastruktur:** Internationale Organisationen sollten Länder dazu ermutigen, in umweltfreundliche Infrastruktur zu investieren, wie beispielsweise den Ausbau von öffentlichen Verkehrsmitteln, Fahrradwegen und erneuerbaren Energien.

Beispiel: Singapur investiert massiv in grüne Gebäude und nachhaltige Mobilität, um den Energieverbrauch zu reduzieren und die Umweltauswirkungen der städtischen Entwicklung zu minimieren.

- **Stärkung internationaler Umweltschutzabkommen:** Regierungen sollten sich aktiv an internationalen Umweltschutzabkommen beteiligen und diese stärken, um eine gemeinsame Anstrengung zur Bewältigung globaler Umweltprobleme zu gewährleisten.

Beispiel: Das Pariser Abkommen hat dazu gedient, Länder weltweit zu verpflichten, Maßnahmen zur Reduzierung von Treibhausgasemissionen zu ergreifen und den Klimawandel einzudämmen.

- **Förderung von Bildung und Bewusstseinsbildung:** Regierungen sollten Bildungsprogramme fördern, die Umweltbewusstsein und nachhaltiges Denken in der Bevölkerung stärken, um ein langfristiges Engagement für Umweltschutz zu fördern.

Beispiel: Schweden hat Bildungsinitiativen eingeführt, die Schülerinnen und Schüler über Umweltthemen aufklären und dazu ermutigen, nachhaltige Lebensweisen zu entwickeln.

- **Einführung von Umweltzertifikaten und -labels:** Regierungen können die Einführung von Umweltzertifikaten und -labels für Produkte unterstützen, um Verbrauchern transparente Informationen über die Umweltauswirkungen von Waren zu bieten.
  Beispiel: Das EU-Umweltzeichen kennzeichnet Produkte mit geringen Umweltauswirkungen, was Verbrauchern ermöglicht, umweltfreundliche Produkte leichter zu identifizieren.
- **Schutz und Wiederherstellung natürlicher Lebensräume:** Internationale Organisationen sollten Programme fördern, die den Schutz und die Wiederherstellung natürlicher Lebensräume unterstützen, um die Artenvielfalt zu bewahren und Ökosysteme zu stärken.
  Beispiel: Brasilien hat das Amazonas-Aufforstungsprogramm eingeführt, um die Abholzung im Amazonasgebiet zu stoppen und die Artenvielfalt zu schützen.
- **Förderung von Kreislaufwirtschaft und Abfallreduktion:** Regierungen sollten Anreize für Unternehmen schaffen, Kreislaufwirtschaftspraktiken zu implementieren und die Reduzierung von Abfällen zu fördern.
  Beispiel: Japan hat ein erfolgreiches System der Mülltrennung und Recyclingimplementierung, um den Abfall zu minimieren und Ressourcen effizienter zu nutzen.
- **Aufbau von Widerstandsfähigkeit gegenüber Klimawandel:** Regierungen sollten Programme entwickeln, um die Widerstandsfähigkeit gegenüber den Auswirkungen des Klimawandels zu stärken, insbesondere in gefährdeten Gemeinschaften.
  Beispiel: Bangladesch hat Programme zur Förderung klimaresistenter Landwirtschaft und Infrastrukturimplementierung eingeführt, um sich gegenüber den Auswirkungen von Überflutungen und extremen Wetterereignissen zu schützen.

In aller Kürze zusammengefasst

- **Digitalisierung und Nachhaltigkeit vernetzt betrachten:** Einbeziehung von Überlegungen zu den Auswirkungen auf Gesellschaft und Umwelt, Sicherstellung des Einsatzes von ausschließlich verantwortungsvollen, nachhaltigen Digitalisierungslösungen.
- **Vernetzte Zusammenarbeit fördern:** Aufbau von Partnerschaften mit Technologen, Industrie, Wissenschaftlern, Zivilgesellschaft und Regierung für übergreifende Nachhaltigkeitskonzepte.
- **Eine digitale Infrastruktur aufbauen:** Berücksichtigung des Bedarfs an digitaler Infrastruktur, des Zugangs zu KI-Werkzeugen und -Daten sowie weiterer ergänzender Technologien.

- **Sensibilisierung und Wertemanagement:** Etablierung der drei Dimensionen der Nachhaltigkeit in Unternehmen als Grundvoraussetzung für digitale Innovationslösungen.
- **In digitale Weiterbildung investieren:** Förderung von Aus- und Weiterbildung der Arbeitskräfte sowie der Abteilung für Forschung und Entwicklung innerhalb Unternehmen; Erforschung, wo technologische Innovationen Vorteile schaffen können.
- **Einstiegsbarrieren reduzieren:** Einführung von staatlichen Subventionen für nachhaltige Digitalisierungslösungen, sodass auch mittelständische Unternehmen partizipieren können.
- **Regularien anpassen:** Förderung der Digitalisierung mithilfe von angepassten, zeitgemäßen Regularien hinsichtlich Cybersicherheit.

Der Autor empfiehlt vor allem die folgenden Punkte zu beachten:

- Jedes Unternehmen sollte das eigene Geschäftsmodell im Zusammenhang mit der Erreichung der 17 SDGs analysieren, um Potenziale für Digitalisierungslösungen zu erkennen, und diese aktiv im Geschäftsmodell integrieren.
- Die eigenen Unternehmensziele sollten sich an den 17 SDGs orientieren. Nicht nur in Bezug auf die ökonomischen Ziele, sondern es sollten auch soziale und ökologische Ziele berücksichtigt werden. Wichtig: Die Erreichung von wirtschaftlichen und Nachhaltigkeitszielen im Reporting miteinander verknüpfen.
- Einen Purpose entwickeln und diesen unbedingt transparent mit allen Stakeholdern teilen. Auch wenn eventuell zu Beginn noch Herausforderungen bei der Definition des Purpose überwunden werden müssen, sollten diese sehr offen und transparent kommuniziert werden.
- Ein Bewusstsein im Unternehmen und bei allen Stakeholdern schaffen, dass durch Digitalisierungslösungen auch negative Effekte erzielt werden können. Ein lösungsorientierter Umgang mit negativen Effekten ist notwendig, um diese mittel- bis langfristig zu minimieren.
- Digitalisierung muss als laufender Prozess betrachtet werden, die bestehenden Strukturen sollten jederzeit auf den Prüfstand gestellt werden.
- Die Vereinten Nationen müssen eine eindeutige Messbarkeit der Zielerreichung und relevanter Einflussfaktoren sicherstellen, indem sie übergreifende Key-Performance-Indikatoren definieren, die einen Überblick über den aktuellen Fortschritt der Agenda 2030 geben sowie Optimierungspotenziale aufzeigen.
- Da freiwillige Verfahren bei der Fortschrittskontrolle der Zielerreichung nicht das maximale Potenzial ausschöpfen, sollte eine klare Regelung zur Evaluation des eigenen Fortschritts veranlasst werden.

- Nur mit Hilfe globaler Kooperationen ist eine nachhaltige und umfassende Entwicklung in allen drei Nachhaltigkeitsdimensionen (sozial, ökonomisch, ökologisch) möglich – somit sollten alle Länder sich gegenseitig bei der Zielerreichung unterstützen und das Ziel haben, langfristig globale Lösungen sowie globale Standards zu erreichen.

Was Sie aus diesem *essential* mitnehmen können

- Lesende erhalten einen tiefen Einblick in die transformative Kraft der digitalen Lösungen und wie diese dazu beitragen können, globale Herausforderungen anzugehen.
- Das Verständnis für die Bedeutung von Nachhaltigkeit wird durch konkrete Fallstudien und Beispiele gestärkt, die zeigen, wie Unternehmen ihre Verantwortung wahrnehmen können.
- Die ethischen Aspekte der Technologienutzung werden kritisch beleuchtet, und Lesende werden ermutigt, reflektierte Entscheidungen im Hinblick auf soziale und ökologische Auswirkungen zu treffen.
- Durch die ganzheitliche Betrachtung aller 17 SDGs der Vereinten Nationen entsteht ein umfassendes Bild darüber, wie digitale Innovationen zur Erreichung verschiedener Nachhaltigkeitsziele beitragen können.
- Lesende erkennen das Innovationspotenzial digitaler Technologien und erhalten Inspiration für die Entwicklung neuer Ideen und Ansätze zur Bewältigung komplexer Herausforderungen.
- Praxisorientierte Beispiele vermitteln konkrete Umsetzungsmöglichkeiten, sodass Lesende nicht nur theoretisches Wissen, sondern auch praktische Handlungsanleitungen mitnehmen.
- Die Rolle von Unternehmen als Treiber für positive Veränderungen wird betont, und Lesende erhalten konkrete Handlungsempfehlungen, um unternehmerische Verantwortung aktiv umzusetzen.
- Insgesamt werden Lesende dazu inspiriert, die Kraft der Technologie bewusst und verantwortungsvoll einzusetzen, um eine lebenswerte und nachhaltige Zukunft für kommende Generationen zu gestalten.

Literatur

Achtenhagen, L., Lietzkow-Müller, J., & zu Knyphausen-Aufseß, D. (2003). Das Open Source-Dilemma: Open Source Software zwischen freier Verfügbarkeit und Kommerzialisierung. *Schmalenbachs Zeitschrift für betriebswirtschaftliche Forschung, 55,* 455.

Balderjahn, I., Buerke, A., Kirchgeorg, M., Peyer, M., Seegebarth, B., & Wiedmann, K.-P. (Bewusstsein für nachhaltigen Konsum, 2013). Consciousness for sustainable consumption: Scale development and new insights in the ecomonic dimension of consumers' sustainability. *AMS review, 11*(3), 181–192.

Baumann, F.-A., Frommberger, D., Gessler, M., Holle, L., Krichewsky-Wegener, L., Peters, S., & Vossiek, J. (2020). *Berufliche Bildung in Lateinamerika und Subsahara-Afrika.* Springer VS.

B-Corporation. (Unternehmertum verpflichtet, o. J.). Unternehmertum verpflichtet – Ein globales B Corp Movement für eine ökologisch und sozial nachhaltige Wirtschaft. https://www.bcorporation.de/home.

Belz, F.-M., & Bilharz, M. (Nachhaltiger Konsum, 2007). Nachhaltiger Konsum, geteilte Verantwortung und Verbraucherpolitik: Grundlagen. In F.-M. Belz (Hrsg.), *Nachhaltiger Konsum und Verbraucherpolitik im 21. Jahrhundert, 2007* (S. 21–52). Metropolis-Verlag.

Blank, J. E. (2001). Sustainable Development. In W. F. Schulz, C. J. Burschel, & M. Weigert (Hrsg.), *Lexikon Nachhaltiges Wirtschaften.* De Gruyter Oldenbourg.

Bliss, F. (2021). *Armutsbekämpfung durch Entwicklungszusammenarbeit.* Springer VS.

BMW Foundation Herbert Quandt. (2020). Protect empower transform tech innovations changing the world. https://bmw-foundation.org/. Zugegriffen: 02. Apr. 2024.

Bruce, A., & Jeromin, C. (Corporate Purpose, 2020). *Corporate Purpose – Das Erfolgskonzept der Zukunft – Wie sich mit Haltung Gemeinwohl und Profitabilität verbinden lassen.* Springer Fachmedien.

Bundesministerium für Bildung und Forschung. (2020). Natürlich. Digital. Nachhaltig. https://www.bmbf.de/SharedDocs/Publikationen/de/bmbf/pdf/natuerlich-digital-nachhaltig.pdf?__blob=publicationFile&v=2. Zugegriffen: 27. Febr. 2024.

Bundesministerium für Bildung und Forschung. (2022). Digitalisierung und Nachhaltigkeit. https://www.bmbf.de/bmbf/de/forschung/umwelt-und-klima/digitalisierung-und-nachhaltigkeit/digitalisierung-und-nachhaltigkeit_node.html. Zugegriffen: 18. Okt. 2022.

Bundesregierung. (2022). Die UN-Nachhaltigkeitsziele – Gemeinsam den Wandel gestalten. https://www.bundesregierung.de/breg-de/themen/nachhaltigkeitspolitik/die-un-nachhalti gkeitsziele-1553514. Zugegriffen: 11. Okt. 2022.

Denker, H. (Die Ökobilanz von Devices, 2015). Die Ökobilanz von PC, Handy & Co. https://www.focus.de/digital/computer/chip-exklusiv/die-oekobilanz-von-pc-handy-co_id_2526123.html.

Deters, J., & Schwarz, D. (2020). Kampf gegen Lebensmittelverschwendung – Das Start-up Too Good To Go will Essen retten und Gewinn machen. Handelsblatt. https://www.han delsblatt.com/unternehmen/handel-konsumgueter/konsum-kampf-gegen-lebensmittel verschwendung-das-start-up-too-good-to-go-will-essen-retten-und-gewinn-machen/269 03076.html. Zugegriffen: 27. Febr. 2024.

Deutsche Bundesbank. (2019). Geld und Geldpolitik – Die Banken und ihre Aufgaben. https://www.bundesbank.de/resource/blob/606038/91fa92590b1949da4211b0488db b861c/mL/geld-und-geldpolitik-data.pdf.

Deutsche Welle. (2020). A secret services' darling goes public. https://www.dw.com/en/ palantir-the-darling-of-secret-services-goes-public/a-55107199. Zugegriffen: 29. Febr. 2024.

Eckert, R. (Business Innovation Management, 2017). *Business Innovation Management Geschäftsmodellinnovationen und multidimensionale Innovationen im digitalen Hyperwettbewerb.* Springer Gabler.

Eckert, W. (2022). Bericht des Weltklimarates: Klimawandel „eindeutig" Gefahr für die Menschheit. https://www.tagesschau.de/ausland/europa/weltklimarat-115.html. Zugegriffen: 27. Febr. 2024.

Eidu GmbH. (o. J.). How it works. https://eidu.com/howitworks. Zugegriffen: 27. Febr. 2024.

Engagement Global. (o. J.). Was sind die 17 Ziele? – Ziele für nachhaltige Entwicklung. https://17ziele.de/info/was-sind-die-17-ziele.html. Zugegriffen: 27. Febr. 2024.

Europäisches Parlament. (2020). Die Strafverfolgung von Europol. https://www.europarl.eur opa.eu/doceo/document/E-9-2020-003872-ASW_DE.html. Zugegriffen: 9. Okt. 2021.

Giesenbauer, B., & Müller-Christ, G. (SDG für KMU, 2018). Die Sustainable Development Goals für und durch KMU Ein Leitfaden für kleine und mittlere Unternehmen. https://www.renn-netzwerk.de/fileadmin/user_upload/nord/docs/materialien/SDG_ KMU_Leitfaden_Okt2018.pdf.

Global e-Sustainability Initiative. (o. J.). #System Transformation, How Digital Solutions Will Drive Progress Toward The Sustainable Development Goals. http://systemtransf ormation-sdg.gesi.org/160608_GeSI_SystemTransformation.pdf. Zugegriffen: 27. Febr. 2024.

Global Policy Forum. (o. J.). Ziel 3, Gesundes Leben für alle. https://www.bmz.de/de/age nda-2030/sdg-3. Zugegriffen: 7. Okt. 2021.

Gratwohl, N. (2017). Wie der digitale Wandel das Geschäft der grossen Personaldienstleister umkrempelt. https://www.nzz.ch/wirtschaft/der-virtuelle-assistent-laedt-zum-job-interview-ld.1318025, Zugegriffen: 9. Okt. 2023.

Hafner, G., Leverenz, D., Schmidt, T., & Schneider, F. (2019). Lebensmittelabfälle in Deutschland – Baseline 2015. Kurzfassung Thünen Report 71.

Hauff, V. (1987). Unsere gemeinsame Zukunft. Der Brundtland-Bericht der Weltkommission für Umwelt und Entwicklung.

Holzbaur, U. (2020). *Nachhaltige Entwicklung – Der Weg in eine lebenswerte Zukunft.* Springer.

International Telecommunication Union, World Health Organization. (2019). Be Healthy, Be Mobile Annual Report 2018, Genf: World Health Organization and International Telecommunication Union.

Keller, J. (2021). StepStone baut Autonomous Matching aus und übernimmt US-amerikanische Conversational AI-Technologie Mya. https://www.axelspringer.com/de/presseinformationen/stepstone-baut-autonomous-matching-aus-und-uebernimmt-us-amerikanische-conversational-ai-technologie-mya/. Zugegriffen: 24. Okt. 2023.

Kirsch, A., & Wrohlich, K. (2021). DIW Wochenbericht 3/2021. https://www.diw.de/documents/publikationen/73/diw_01.c.808782.de/21-3-2.pdf. Zugegriffen: 29. Febr. 2024.

Koch, M. (2020). *Wie der Palantir-Chef von der Coronakrise profitieren will.* Handelsblatt.

Koch, M., & Neuerer, D. (2020). *Big Data für deutsche Ermittler: Polizei nutzt umstrittene US-Software von Palantir.* Handelsblatt.

Klöckner, J., & Olk, J. (2020). *Wie Ruhepuls, Schrittfrequenz und Schlafverhalten auf eine Corona-Infektion hinweisen können.* Handelsblatt.

Lange, S., Kern, F., Peuckert, J., & Santarius, T. (Rebounds in Unternehmen, 2021). The Jevons paradox unravelled: A multi-level typology of rebound effects and mechanisms. *Energy Research & Social Science, 74,* 2–15.

Leisinger, K. M. (Versorgung in Entwicklungsländern, 2009): *Medizinische Versorgung in den Entwicklungsländern, Welche Verantwortung trägt die Pharmaindustrie?* Forschung für Leben.

Lomas, N. (2020). Mya Systems gets $18.75M to keep scaling recruitment chatbot. https://techcrunch.com/2020/03/19/mya-systems-gets-18-75m-to-keep-scaling-its-recruitment-chatbot/. Zugegriffen: 9. Okt. 2022.

Martens, J., & Obenland, W. (2017). Die Agenda 2030, Globale Zukunftsziele für nachhaltige Entwicklung. Global Policy Forum.

McKinsey Global Institute. (2018). Notes from the AI frontier – Applying AI for social good. https://www.mckinsey.com/~/media/mckinsey/featured%20insights/artificial%20intelligence/applying%20artificial%20intelligence%20for%20social%20good/mgi-applying-ai-for-social-good-discussion-paper-dec-2018.ashx. Zugegriffen: 27. Febr. 2024.

McKinsey Global Institute. (2019). Tech for good – Smoothing disruption improving well-being. https://www.mckinsey.com/featured-insights/future-of-work/tech-for-good-using-technology-to-smooth-disruption-and-improve-well-being. Zugegriffen: 28. Febr. 2024.

Ministerium für Umwelt, Klima und Energiewirtschaft Baden-Württemberg. (2021). Nachhaltig gut leben: Digital? https://um.baden-wuerttemberg.de/de/umwelt-natur/nachhaltigkeit/nachhaltige-digitalisierung/stakeholderdialog-2021/. Zugegriffen: 27. Febr. 2024.

Moring, A. (Die Krawall Initiatoren, 2021). Die Krawall Initiatoren – Wie KI-Systeme die Polarisierung in Gesellschaft, Wirtschaft und Politik befeuern. Springer Fachmedien Wiesbaden.

Palantir. (o. J.a). The operating system for the modern enterprise. https://www.palantir.com/platforms/foundry/. Zugegriffen: 6. Okt. 2021.

Palantir. (o. J.b). Why we're here, https://www.palantir.com/about. Zugegriffen: 11. Okt. 2021.

Petersen, M., Brockhaus, S., & Kersten, W. (2015). *Nachhaltigkeit als Zieldimension in der Entwicklung von Konsumgütern. Stuttgarter Symposium für Produktentwicklung.* Conference Paper.

Peretti, J. (2020). *The 'special ops' tech giant that wields as much real-world power as Google.* The Guardian.

Reitemeier, A., Schanbacher, A., & Scheer, T. S. (2019). *Nachhaltigkeit in der Geschichte: Argumente – Ressourcen – Zwänge.* University Press.

Schneider, A., & Schmidpeter, R. (2012). *Corporate Social Responsibility: Verantwortungsvolle Unternehmensführung in Theorie und Praxis.* Springer Gabler.

Statista Research Department. (2021a). Senegal: Gesamtbevölkerung von 1980 bis 2020 und Prognosen bis 2026. https://de.statista.com/statistik/daten/studie/385383/umfrage/gesamtbevoelkerung-von-senegal/. Zugegriffen: 16. Okt. 2021.

Statista Research Department. (2021b). Europäische Union: Anteil von Frauen in Führungspositionen, aufgeschlüsselt nach Mitgliedsstaat im Jahr 2020. https://de.statista.com/statistik/daten/studie/1098311/umfrage/frauenanteil-in-fuehrungspositionen-in-der-eu/. Zugegriffen: 10. Okt. 2021.

The Shift Project. (2019a). Climate crisis: The unsustainable use of online video – The practical case study of online video. https://theshiftproject.org/en/article/unsustainable-use-online-video/. Zugegriffen: 27. Febr. 2024.

The Shift Project. (2019b). LEAN ICT TOWARDS DIGITAL SOBRIETY. https://theshiftproject.org/wp-content/uploads/2019/03/Lean-ICT-Report_The-Shift-Project_2019.pdf. Zugegriffen: 27. Febr. 2024.

Tomorrow Bank. (2021). Nachhaltigkeitsbericht 2020. https://www.tomorrow.one/de-DE/impact/nachhaltigkeitsbericht-2020/. Zugegriffen: 27. Febr. 2024.

Tomorrow Bank. (2022a). Impact – Hilf mit, die größte Herausforderung unserer Generation zu lösen. https://www.tomorrow.one/de-DE/impact/. Zugegriffen: 27. Febr. 2024.

Tomorrow Bank. (2022b). Sparen – Erreiche deine finanziellen Ziele schneller. https://www.tomorrow.one/de-DE/banking/sparen/. Zugegriffen: 27. Febr. 2024.

Tomorrow Bank. (2022c). Rounding Up – Kleines Geld, das Großes tut. https://www.tomorrow.one/de-DE/banking/rounding-up/. Zugegriffen: 27. Febr. 2024.

Tomorrow Bank. (2022d). Benefits – Entdecke Marken, die zu deinen Werten passen. https://www.tomorrow.one/de-DE/impact/benefits/. Zugegriffen: 27. Febr. 2024.

Tomorrow Bank. (CO2 Bilanz, 2022). CO2- Wie hoch ist die CO_2-Bilanz von meinem Einkauf? https://www.tomorrow.one/de-DE/magazin/co2-bilanz-einkauf-neues-tomorrow-feature/.

Tomorrow Bank. (Footprint, 2022). Fußabdruck- Lerne den CO_2 Footprint deiner Käufe kennen. https://www.tomorrow.one/de-DE/impact/co2-fussabdruck/.

Tomorrow Bank. (Klimaschutzbeitrag, 2022). Klimaschutzbeitrag- Schütze das Klima bei jedem Einkauf. https://www.tomorrow.one/de-DE/impact/klimaschutzbeitrag//.

Tomorrow Bank. (who we are, 2022). Über uns – Banking darf nicht die Welt kosten. https://www.tomorrow.one/de-DE/ueber-uns/.

Too Good To Go. (2018). Too Good to Go mit eigenem Laden – Dänemark macht es vor. https://toogoodtogo.de/de/blog/too-good-to-go-mit-eigenem-laden-danemark-macht-es-vor. Zugegriffen: 27. Febr. 2024.

Too Good To Go. (2020a). Too Good to Go – Factsheet. https://toogoodtogo.ch/de-ch/press/releases/factsheet. Zugegriffen: 27. Febr. 2024.

Too Good To Go. (2020b). Too Good To Go Impact Report 2020 – More than a good Food App. https://www.toogoodtogo.com/en-gb/initiative/campaign. Zugegriffen: 28. Febr. 2024.

Umweltbundesamt. (Rebound Effekt, 2015). Rebound-Effekte: Ihre Bedeutung für die Umweltpolitik. https://www.bmuv.de/fileadmin/Daten_BMU/Pools/Forschungsdaten bank/fkz_3711_14_104_rebound_effekte_bf.pdf.

Umweltbundesamt. (Computer, Internet u. Co., 2009). Computer, Internet und Co Geld sparen und Klima schützen. https://www.borderstep.de/wp-content/uploads/2014/07/Com puter_Internet_und_Co.pdf.

UNESCO. (2019). Global Education Monitoring Report. https://gem-report-2019.unesco. org/. Zugegriffen: 27. Febr. 2024.

Unicef. (o. J.). UNICEF's Approach to Digital Health. https://www.unicef.org/innovation/ media/506/file/UNICEF%27s%20Approach%20to%20Digital%20Health%E2%80% 8B%E2%80%8B.pdf. Zugegriffen: 7. Okt. 2021.

United Nations. (2020). Ziele für nachhaltige Entwicklung, Bericht 2020. https://www.un. org/Depts/german/millennium/SDG%20Bericht%202020.pdf. Zugegriffen: 6. Okt. 2023.

United Nations. (2021). Ziele für nachhaltige Entwicklung, Bericht 2021. https://www.un. org/depts/german/millennium/SDG%20Bericht%202021.pdf. Zugegriffen: 7. Okt. 2023.

Vereinte Nationen. (o. J.a). Transforming our world: The 2030 Agenda for Sustainable Development. https://sdgs.un.org/2030agenda. Zugegriffen: 27. Febr. 2024.

United Nations. (o. J. b). Goal 5: Achieve gender equality and empower all women and girls. https://www.un.org/sustainabledevelopment/gender-equality/. Zugegriffen: 10. Okt. 2022.

Vereinte Nationen. (o. J.b). The 17 Goals – History. https://sdgs.un.org/goals. Zugegriffen: 27. Febr. 2024.

Webb, A. (2017). AI-Recruiting company, mya systems, inks 3-year global partnership with world's leading workforce solutions provider, the adecco group, to automate its recruiting operations. https://www.businesswire.com/news/home/20170810005371/en/ AI-Recruiting-Company-Mya-Systems-Inks-3-Year-Global-Partnership-With-World% E2%80%99s-Leading-Workforce-Solutions-Provider-The-Adecco-Group-to-Automate-Its-Recruiting-Operations. Zugegriffen: 10. Okt. 2021.

Weber, A. (2015). Nachhaltigkeit und CSR in der Bankenwirtschaft. In A. Schneider & R. Schmidpeter (Hrsg.), *Corporate Social Responsibility: Verantwortungsvolle Unternehmensführung in Theorie und Praxis* (2. Aufl., S. 935–947). Springer Gabler.

Wissenschaftlicher Beirat der Bundesregierung Globale Umweltveränderungen. (2019). Unsere gemeinsame digitale Zukunft. https://www.wbgu.de/de/publikationen/publik ation/unsere-gemeinsame-digitale-zukunft. Zugegriffen: 27. Febr. 2024.

World Health Organization. (2015a). World Health Organization (Universal Health Coverage, 2015). Tracking Universal Health Coverage. http://apps.who.int/iris/bitstream/han dle/10665/174536/9789241564977_eng.pdf. Zugegriffen: 27. Febr. 2024.

World Health Organization. (2015b). Mobile Health for Tobacco Cessation (mTobaccoCessation). https://www.who.int/publications/i/item/mobile-health-for-tobacco-cessation. Zugegriffen: 7. Okt. 2021.

World Health Organization. (2016a). Mobile health for diabetes prevention and management (mDiabetes). https://www.who.int/publications/i/item/mobile-health-for-diabetes-preven tion-and-management. Zugegriffen: 7. Okt. 2021.

World Health Organization. (2016b). Mobile health for cervical cancer (mCervicalCancer). https://www.who.int/publications/i/item/mobile-health-for-cervical-cancer. Zugegriffen: 7. Okt. 2021.

World Health Organization. (2018a). Mobile health for asthma and chronic obstructive respiratory disease (mBreatheFreely). https://www.who.int/publications/i/item/mobile-health-for-asthma-and-chronic-obstructive-respiratory-disease. Zugegriffen: 7. Okt. 2021.

World Health Organization. (2018b). Be healthy, be mobile: A handbook on how to omplement mAgeing. https://www.who.int/publications/i/item/9789241514125. Zugegriffen: 7. Okt. 2021.

Printed in the United States
by Baker & Taylor Publisher Services